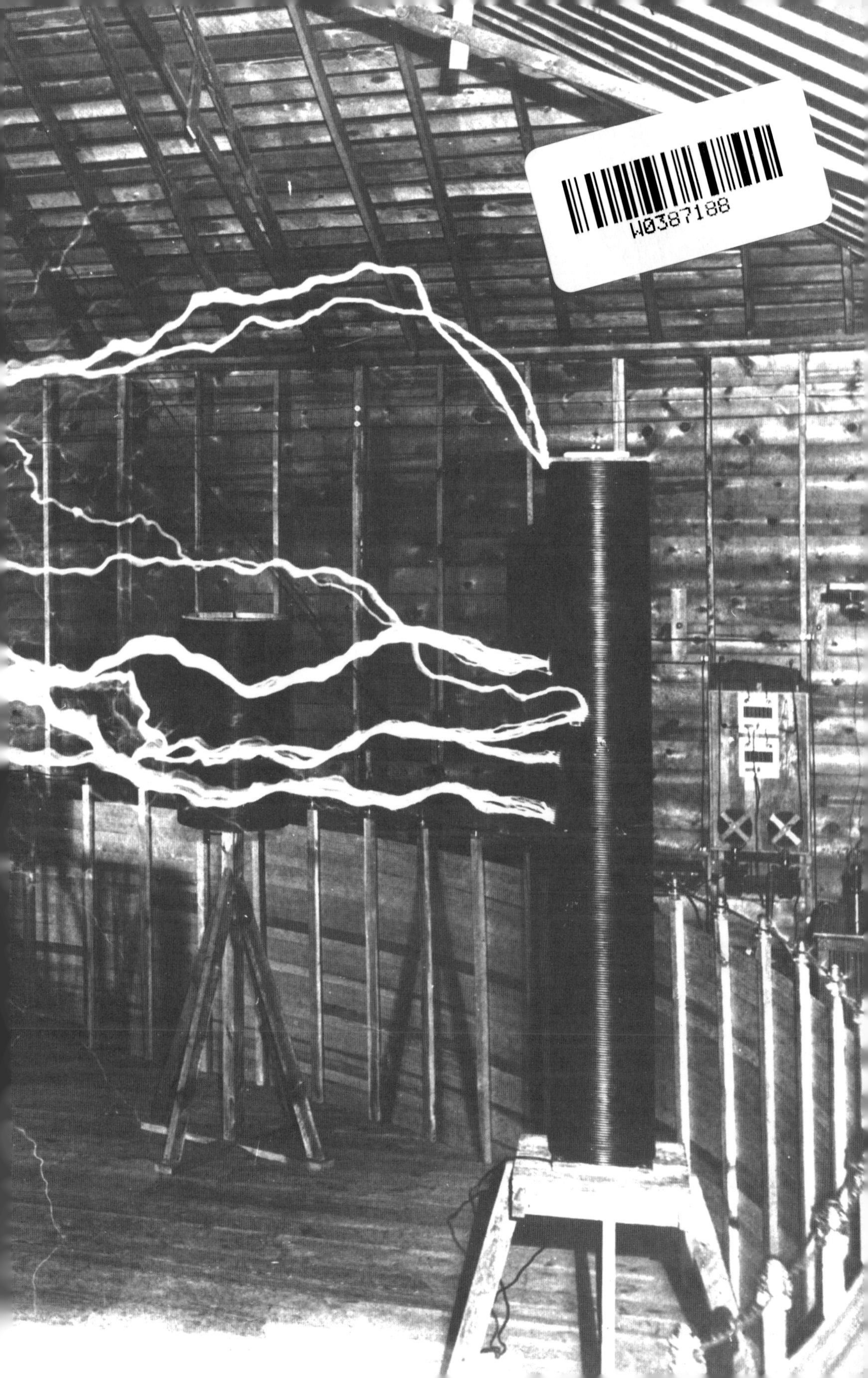

NIKOLA TESLA COMPANY 8 West 40th St TEL. 9090 BRYANT NEW YORK

New York Sept. 4 1895

Mr. F. G. Carpenter

My dear Sir,

Since the destruction of my former laboratory I have learned that I have great many friends in your profession. I am afraid we can not agree as to the article but I can assure you that I shall be pleased to make your personal acquaintance. You will find me at my laboratory 46 East Houston Street any day from 10-12 A.M. and 3-7 P.M. If this time should be inconvenient you may call any time during the day, it is probable you will find me.

Yours very truly

N. Tesla

Compliments from
Nikola Tesla

Titel der Originalausgabe: *Tesla – The Wizard of Electricity*

Die Originalausgabe erschien 2013 in den USA bei Fall River Press,
einem Imprint von Sterling Publishing Co., Inc.
Diese Ausgabe entstand in Zusammenarbeit mit Sterling Publishing Co., Inc.,
1166 Avenue of the Americas 17th Floor, New York, NY 10036

Umschlag- und Buchgestaltung von Scott Russo

Aus dem Englischen von Andreas Jaedicke
Lektorat & Satz: G & R Vilnius, Lietuva

Gedruckt und gebunden in China

ISBN 978-90-8998-612-2

Nikola Tesla

Zauberer der Elektrizität

von David J. Kent

Librero

100-2237-13

REC-33

November 27, 1962

[redacted]

ALL INFORMATION CONTAINED
HEREIN IS UNCLASSIFIED
DATE 7-3-80 BY

REC'D-READING ROOM
FBI

Dear [redacted]

Your letter of November 21st has been received.

In response to your inquiry, I would like to point out that the effects of Dr. Nikola Tesla were impounded, after his death, by the Office of Alien Property of the Department of Justice and not by the FBI. Since this Bureau did not participate in the handling of Dr. Tesla's effects, I am unable to supply the information you desire.

Sincerely yours,

J. Edgar Hoover

John Edgar Hoover
Director

[redacted]

NOTE: Bufiles contain no record identifiable with correspondent. Bufile 100-2237 shows that Dr. Tesla was one of the world's outstanding scientists in the electrical field, and at the time of his death, all of his personal papers and effects were believed dangerous to the country's security if they fell into unauthorized hands. The book, "Prodigal Genius," by John J. O'Neil, alleges that the FBI took over a certain safe and opened it, appropriating Dr. Tesla's property. Bufiles clearly indicate that it was the Office of Alien Property of the Department which did so, and the above reply has been forwarded in answer to related inquiries. Dr. Tesla was born in Yugoslavia and died in New York City 1-7-43.

[redacted] (3)

RECEIVED DIRECTOR

DEC 3 1962

[redacted]

MAIL ROOM ☐ TELETYPE UNIT ☐

[redacted]

Für meine Eltern Reginald und Florence
und
meinen Sohn Bryan

Alles ist möglich.

PROPHET OF SCIENCE
NIKOLA TESLA IS THE F
GENIUS, WHO REVOLUTIO
SCIENCE OF ELECTRICITY
MADE FANTASTIC PREDIC
WHICH TIME PROVED TR
A WAS BORN IN 1857
ILGAN, CROATIA. ONE
NOW OUR NEW FIRE ENGINE WILL START TO PUMP WATER... BUT SOMETHING'S WRONG.
THERE GOES NIKOLA. WHAT DOES HE KNOW ?
BUT YOUNG NIKOLA
THE HOSE WAS CLO
HE'S
WAT
TH

Inhalt

Gegenüber und über das Buch verteilt: »Prophet of Science«, veröffentlicht im Comic-Buch *Real Heroes*, Nr. 16, Oktober 1946

Prolog

So wie ein Rockstar seinen Verstärker immer weiter aufdreht, so steigerte Nikola Tesla die Schwingungen seines winzigen mechanischen Oszillators, den er mit einer eisernen Stützsäule seines Labors in der Houston Street verbunden hatte. Er wollte nur seinen Oszillator testen, und zunächst schienen die Schwingungen harmlos. Die Nachbarn aber spürten die Erschütterungen – anfangs nur ganz leicht, als würde in der Ferne ein schwerer Lastwagen die Straße entlangdonnern. Als die Erschütterungen jedoch anhielten, stärker wurden und sich in immer größerem Radius ausbreiteten, vermuteten die Anwohner allmählich ein starkes Erdbeben. In New York City? Aus Furcht vor Verletzung und Tod durch einstürzendes Mauerwerk und zersplitterndes Glas drängten die aufgeschreckten Anwohner aus den anliegenden italienischen und chinesischen Vierteln auf die Straßen.

Auch auf der Wache der Ortspolizei in der Mulberry Street, unweit von Teslas Labor, spürte man das Beben. Seltsame Lichter und Geräusche, die von Teslas Gebäude ausgingen, waren für die Polizisten nichts Neues mehr – aber das übertraf alles: Der Boden vibrierte, Möbel bewegten sich, es kam zu Rohrbrüchen, und die Beamten befürchteten, dass selbst das Polizeipräsidium einstürzen könnte. Als durch die harmonischen Schwingungen die Fenster zu zerspringen begannen, kamen zwei Polizisten zu dem offensichtlichen Schluss: Hier ist Tesla am Werk!

Also liefen sie die Straße hinunter bis zu dem Gebäude, in dem sich das Labor des Wissenschaftlers befand. Sie überwanden ihre Angst vor dem möglichen Einsturz des Gebäudes und stürzten in dem Moment durch die Eingangstür, als Tesla mit einem Vorschlaghammer gegen den erstaunlich kleinen Oszillator schlug und ihn damit von der eisernen Säule trennte. Die Schwingungen stoppten augenblicklich.

Als er sich umdrehte, bemerkte er die zwei wie aus dem Nichts aufgetauchten Beamten, die ihn schockiert anstarrten. Mit dem Vorschlaghammer in den Händen näherte sich Tesla den beiden auf seine gewohnt ruhige, würdevolle Art und erklärte sich:

»Meine Herren, es tut mir leid, aber Sie sind einen Augenblick zu spät gekommen. Ich hielt es gerade für notwendig, mein Experiment plötzlich, unerwartet und auf ungewohnte Weise abzubrechen. Heute Abend werde ich einen anderen Oszillator mit diesem Podest verbinden, und Sie beide können sich daraufstellen. Ich bin sicher, es wird eine sehr interessante und angenehme Erfahrung für Sie sein. Jetzt müssen Sie gehen, da ich sehr beschäftigt bin. Guten Tag, meine Herren.«[1]

Tesla ahnte nicht, dass er beinahe die Nachbarschaft in Schutt und Asche gelegt hätte.

Obwohl Nikola Tesla einer der wohl wichtigsten Erfinder in der US-Geschichte ist, haben viele Menschen noch nie von ihm gehört. In den 86 Jahren seines Lebens (kurz vor Beginn des Bürgerkriegs bis Mitte des Zweiten Weltkriegs) war der serbischstämmige Amerikaner ein exzentrisches Genie, dem mehr Erfindungen zugeschrieben werden als Edison. Noch vor Marconi entdeckte er die Radiowellen und noch vor Röntgen die Röntgenstrahlen. Zu Teslas Erfindungen gehören das Wechselstromsystem, das heute unsere Haushalte versorgt, das Radio, das Verfahren zur drahtlosen Übertragung von Energie und Licht sowie die elektrisierende Teslaspule. Er arbeitete auch an der Entwicklung von Energiewaffen (»Todesstrahlen«), widersprach Einsteins Relativitätstheorie und entwarf Vorläufer der Senkrechtstarter.

Im Laufe seines Lebens zog Tesla vom heutigen Kroatien über Budapest nach Paris und von dort aus weiter nach New York; nach einiger Zeit in Colorado Springs zog es ihn zurück nach New York City, wo er zwei Laboratorien führte. In dieser Zeit arbeitete er für Thomas Edison, wurde aber später dessen größter Rivale. Er war mit so unterschiedlichen Persönlichkeiten wie George Westinghouse, Mark Twain, Robert Underwood Johnson und John Muir befreundet; außerdem mit einer weißen Taube. Zu seinen Eigenarten gehörten unter anderem eine obsessive Vorliebe für durch drei teilbare Zahlen und eine fast krankhafte Furcht vor Bakterien. Auch wenn sich mitunter Frauen in ihn verliebten, blieb Tesla absichtlich sexuell enthaltsam. Er war davon überzeugt, dass die Abstinenz ihm dabei half, sein wissenschaftliches Denken zu fokussieren. Selten schlief er mehr als ein paar Stunden am Stück, und an vielen Tagen ruhte er überhaupt nicht. Auch wenn er gewöhnlich ein Mann der leisen Töne war, konnte er ein perfekter Entertainer sein, der seine Vorlesungen mit magischen Licht- und Energieeffekten auflockerte. Seine Teslaspule konnte einen Blitzstoß durch den Körper schicken … oder bis zu 41 m hoch in die Luft. Er war ein weltberühmter Wissenschaftler und Prominenter, und doch starb er am Ende allein und fast mittellos, nachdem er Lizenzgebühren von vielen Millionen Dollar an seinen Freund George Westinghouse abgetreten hatte.

Das vorliegende Werk führt uns durch Teslas unbeständiges und doch außerordentlich produktives Leben, zeigt seine innovativen Experimente, bahnbrechenden Errungenschaften und offenbart uns seine einzigartige, komplexe Gedankenwelt. Trotz vieler technischer Exkurse ist dieses Buch für die allgemeine Leserschaft bestimmt, um mehr über die Erfindungen dieses Wissenschaftlers zu erfahren. Besonders ansprechend ist dieses Buch aber für jene, die sich für Teslas Persönlichkeit und seinen nachhaltigen Einfluss interessieren.

Eine aufschlussreiche Einsicht in Teslas Leben geben seine persönlichen Aufzeichnungen, die sowohl technische Informationen als auch bedeutende Erinnerungen aus seiner Kindheit enthalten. Genau darauf und auf die Schriften anderer, die ihn kannten und seine Leistungen zu schätzen wussten, beruft sich dieses Buch. Wir erkunden Teslas Erziehung, seine Methoden und Entdeckungen, seine vielen Eigenarten, und einige Verschwörungstheorien, die ihn umranken. Schließlich wenden wir uns seinem unglaublichen Vermächtnis zu, das er der modernen Welt hinterlassen hat – sowohl in Bezug auf den wissenschaftlichen Fortschritt aufgrund seiner Entdeckungen, als auch auf die mysteriöse Aura, die ihn umgab und eine neue Generation von Wissenschaftlern inspiriert hat.

Gegenüber: Tesla schaut aus seinem Labor in Colorado Springs, ca. 1895.

GREAT DANGER
KEEP OUT.

KAPITEL
AMPERE
1

EIN GENIE WIRD GEBOREN

Es war, als hätte jemand die Abteilung für Special Effects eines Filmstudios beauftragt: Der Sturm brach in dem Moment, herein, als bei Djouka Tesla die Wehen einsetzten. Das laute Donnern übertönte ihre unterdrückten Schreie, als sie um eine leichte Geburt ihres vierten Kindes flehte. Genau um Mitternacht ging der Schrei der Mutter auf die Lippen des kleinen Nikola über. Im Augenblick seiner Geburt zuckte ein Blitz vom Himmel und erhellte das kleine Haus – ein Omen, das prophetischer nicht hätte sein können.

Erschrocken wandte sich die Hebamme an die junge Mutter und sagte: »Ihr Sohn ist ein Kind des Sturms.« »Nein«, antwortete Djouka. »Er ist ein Kind des Lichts.«

Und so scheint es, dass Nikola Tesla von Anfang an dazu bestimmt war, die Welt zu elektrisieren.

Diese warme Julinacht trug sich 1856 in Smiljan zu, einem kleinen Dorf im damaligen Kaisertum Österreich, das heute zu Kroatien gehört. Da Tesla genau um Mitternacht auf die Welt kam, war unklar, an welchem Datum sein Geburtstag gefeiert werden sollte; tatsächlich wurde sein Geburtstag (offiziell am 10. Juli) aber nur selten gefeiert. Später, als er weltberühmt war, konnte man von den pompösen Festlichkeiten sogar in der Zeitung lesen. Vorerst war er jedoch nur der Sohn eines serbisch-orthodoxen Geistlichen in einem kleinen Dorf.

Die Familie

Für Milutin Tesla, Nikolas Vater, war das Priesteramt eine der wenigen Karriereoptionen für einen gebildeten serbischstämmigen Mann in einem Dorf, das zu Österreich gehörte. Als Sohn eines Offiziers trat Milutin zunächst in die Fußstapfen seines Vaters, bemerkte aber schnell, dass das harte Soldatenleben nichts für ihn war. Unter dem Vorwand angeblicher Kritik wegen schlecht polierter Knöpfe, brach er die Militärschule ab. Als literarisch gebildeter Mann verfasste Milutin Gedichte und politische Diskurse; letztere unterzeichnete er mit dem Pseudonym *Srbin Pravicich*, was auf Serbisch »Mann der Gerechtigkeit« bedeutet.[3]

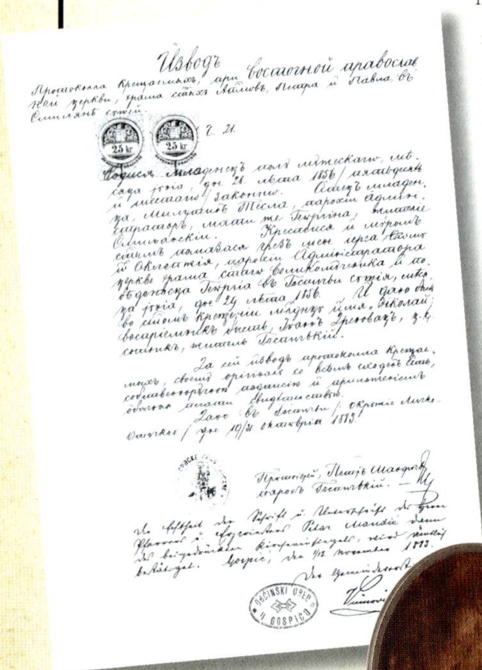

Oben: Teslas Geburtsurkunde
Rechts: Teslas Vater Milutin und Mutter Djouka

Milutin verliebte sich in Djouka Mandić, die Tocher einer angesehenen serbischen Familie. Zweifellos beeinflusst von den vielen Priestern in Djoukas Familie, wollte Milutin Theologie studieren. Nach seiner Priesterweihe wurde er zum Pfarrer einer kleinen Kirche im bedeutenden Seehafen Senj an der kroatischen Küste ernannt.[4] Einige Jahre und drei Kinder später beeindruckte Milutin den Erzbischof mit seiner ungewöhnlichen, wenn nicht gar ehrwürdigen Predigt über die Früchte der Arbeit. Für diese »beste Darbietung einer Predigt« in der Diözese erhielt er eine privilegierte rote Schärpe. Es folgte die Beförderung zur Leitung der Kirchengemeinde in Smiljan. Hier wurden Nikola und seine jüngere Schwester Marica geboren.

Von seinem Vater erhielt Nikola literarische Bildung. Neben seinen Fähigkeiten zum Verfassen von Poesie und philosophischen Artikeln

Oben: Teslas Haus in Smiljan, Kroatien

beherrschte Milutin mehrere Sprachen; er konnte Serbokroatisch, Deutsch und Italienisch sprechen, lesen und schreiben. Zweifellos durch diesen Einfluss wurde Nikola selbst zu einem Polyglotten, beherrschte mindestens acht Sprachen und übertraf damit seinen Vater.[5] Im Gegensatz dazu konnte Nikolas Mutter weder lesen noch schreiben. Obwohl sie aus einer gebildeten Familie stammte – ihr Vater war wie ihr zukünftiger Ehemann ein serbisch-orthodoxer Priester –, war Djouka bereits in jungen Jahren gezwungen, Hausfrau zu werden, als ihre Mutter das schon immer schwache Augenlicht verlor.[6]

Vielleicht musste sie als neues Oberhaupt des Haushalts nun erfinderisch werden und rechtfertigte so Teslas spätere Beschreibung seiner Mutter als eine »wahrlich großartige Frau mit seltenen Fähigkeiten, Mut und Tapferkeit.«[7] Sie soll ihm auch seine legendäre Arbeitsmoral und Ausdauer anerzogen haben. Während Teslas linguistische und literarische Talente von seinem Vater stammten, war seine Mutter zweifellos seine erfinderische Inspirationsquelle. Djouka Mandić stammte aus einer der ältesten Familien Westserbiens. Die Familie hatte ›kräftige Wurzeln‹, oder wie Tesla es 1917 ausdrückte, entstamme einem »drahtigen und langlebigen Geschlecht.«[8] Einige seiner Vorfahren seien älter als 100 Jahre alt geworden. Tesla behauptete verwegen, wenn auch etwas unglaubhaft: »Einer von ihnen lebte 129 Jahre.« Da Tesla selbst 86 Jahre alt wurde, muss er in der Tat sehr ›kräftige Wurzeln‹ gehabt haben.

Seine Ahnen mütterlicherseits bezeichnete Tesla als »Reihe von Tüftlern.« Djoukas Vater und Großvater hatten »zahlreiche Geräte für Haushalt, Ackerbau und andere Zwecke« entworfen, und Djouka tat es ihnen gleich.[9]

In seiner Autobiografie *Meine Erfindungen* von 1919 überhäufte Nikola seine Mutter mit Komplimenten. Er schrieb:

»Meine Mutter war eine Erfinderin ersten Ranges, und hätte sie nicht so abgeschieden vom modernen Leben gelebt, hätte sie Großartiges erreichen können.«[10]

Gegenüber: Tesla im Alter von 23 Jahren, ca. 1879

So wie Tesla selbst arbeitete auch seine Mutter ihr ganzes Leben unermüdlich »vom Morgengrauen bis spät in die Nacht«, erfand und konstruierte allerlei Werkzeuge und Geräte. Sie war auch eine begabte Weberin und Näherin, und selbst für die Pflanzungs- und Erntearbeiten fertigte sie in Handarbeit einen Großteil der Bekleidung an, ebenso wie die Wohnmöbel, die von der Familie benutzt wurden. Tesla staunte darüber, dass »selbst im Alter von sechzig Jahren ihre Finger noch immer flink genug waren, um drei Knoten in eine Wimper zu machen«.

Als viertes Kind und zweiter Sohn war Nikola in seinen ersten Lebensjahren in den Hintergrund gedrängt; traditionsgemäß widmete man dem ältesten Sohn Dane die meiste Aufmerksamkeit. Allen Berichten zufolge zeigte Dane außergewöhnliches Talent und Potenzial. Er wurde von Milutin und Djouka sowie von Nikola und den Schwestern Milka, Angelika und Marica innigst geliebt. Die Situation änderte sich jedoch abrupt, als Nikola nach Danes recht mysteriösem Tod der einzige männliche Erbe war. Wie Tesla es später darstellt, kam Dane unter den Hufen des Familienpferdes zu Tode.[11] Zuvor war das Pferd ein Liebling der Familie Tesla gewesen, da es angeblich »das Leben [des] Vaters unter ungewöhnlichen Umständen gerettet hatte«. Tesla spricht von dem Pferd als »prächtiger« Araber« und erzählt die Geschichte so:

»Mein Vater wurde in einer Winternacht gerufen, um eine dringende Pflicht zu erfüllen, und in den Bergen wurde er von Wölfen heimgesucht. Vor Angst warf das Pferd den Vater heftig zu Boden und lief davon. Es kam blutend und erschöpft zu Hause an; nachdem aber Alarm geschlagen worden war, rannte es sofort wieder davon und kehrte zu der Stelle zurück. Kurz darauf traf die Suchmannschaft auf meinen Vater, der das Bewusstsein wiedererlangt hatte und wieder im Sattel saß. Ihm war nicht klar, dass er mehrere Stunden im Schnee gelegen hatte.«[12]

Demnach wurde Teslas Vater von dem temperamentvollen Pferd gerettet. Sein zwölfjähriger Bruder Dane hatte nicht so viel Glück. Tesla schrieb später: »Dieses Pferd verursachte die Verletzungen, an denen mein Bruder starb.« Noch schlimmer war, dass der fünfjährige Nikola »Zeuge der tragischen Szene« war. Selbst nach einem halben Jahrhundert, das zwischen diesem Vorfall und Teslas Memoiren verstrichen war, habe der »Eindruck des Gesehenen nicht an Härte verloren«.[13]

Manche behaupten, dass Nikola nicht nur ein unbeteiligter Zuschauer gewesen sein könne, doch die Wahrheit werden wir nie erfahren. Nikola offenbarte nie Details dieses tragischen Vorfalls. Seine Eltern waren am Boden zerstört und zu verzweifelt, um darüber zu diskutieren. In sehr zartem Alter war Nikola jetzt der älteste Sohn. Weder er noch seine Eltern sollten Danes vorzeitiges Ableben jemals emotional vollständig verarbeiten. Die hohen Erwartungen der Eltern an Dane wurden nun auf den viel jüngeren Nikola übertragen; er akzeptierte die Last, seinen älteren Bruder ersetzen zu müssen, strebte aber auch nach eigener Größe. Dieser Leistungsdruck könnte mitverantwortlich für die Entwicklung einiger interessanter Eigenarten Teslas sein.

Seine drei Schwestern erwähnt Tesla in seinen Schriften kaum. Bekannt ist, dass er aus New York City Geld nach Hause schickte.[14] Und die Mädchen taten das, was viele Töchter von Geistlichen damals taten, nämlich gute Priester heiraten und Kinder gebären. Tesla stand meist mit ihren Ehemännern im Schriftverkehr; einem Onkel gegenüber gab er einmal zu, dass »es irgendwie schwierig ist, mit den Damen zu korrespondieren.«[15] Gelegentlich schrieb er ihnen direkt, gewöhnlich wenn er ihnen Schecks schickte. Nikola war schließlich der »Star der Familie«[16] und liebte sie wahrscheinlich innig.[17]

Im Gegensatz zur Liebe und Bewunderung für seine engsten Angehörigen sind Teslas Erinnerungen an andere Verwandte nicht immer so schmeichelhaft. Einmal erzählte er eine Geschichte von seinen zwei Tanten, die im Nachhinein eindeutig respektlos erscheint.[18] Anscheinend waren diese Tanten nicht gerade bildhübsch. Sie waren alt,

Oben: Eine alte serbische 5-Dinar-Münze

zumindest in Nikolas Augen, und hatten recht viele Falten im Gesicht. Eine der beiden hatte »zwei Zähne, die wie die Hauer eines Elefanten hervorstanden«. Der Anblick war für ein Kind bereits grässlich genug, aber bei jedem Kuss gruben sich diese Stoßzähne in Teslas Wangen ein. In der serbischen Tradition ist das keine Seltenheit, zum Leidwesen des kleinen Nikola. Da die Tanten sehr anhänglich waren und ihren Neffen über alles liebten, küssten und umarmten sie ihn nach Herzenslust. Für Tesla war dieses Schicksal schlimmer als der Tod. »Nichts ängstigte mich mehr«, sagte Tesla, »als die Vorstellung, von diesen so anhänglichen und unsympathischen Verwandten liebkost zu werden.«[19]

Eines Tages ereignete sich ein Vorfall, der für Teslas Familie äußerst peinlich gewesen sein muss. Djouka trug Nikola auf dem Arm, und da sie von dem kleinen Kerl keine Taktlosigkeit erwartete, beschloss sie dummerweise, ihn zu fragen, welche der beiden Tanten seiner Meinung nach hübscher sei. Aufmerksam studierte der schon damals gewissenhafte Beobachter ihre Gesichter. Nach reiflicher Überlegung deutete er auf eine der beiden und verkündete stolz:

»Die hier ist nicht so hässlich wie die andere.«

Obwohl wir ihre Reaktionen nicht kennen, können wir davon ausgehen, dass der junge Nikola danach nicht so herzlich umarmt wurde.

Jugendlicher Eifer

Tesla war bei weitem kein Streber, der keine normale Kindheit hatte. Aufgewachsen im ländlichen Kroatien, geriet Tesla, wenn er nicht gerade Routinearbeiten rund um das Haus erledigte, immer wieder mal in eine Prügelei, wie auch die meisten anderen Kinder. Er gibt zu, dass seine Eltern ständig in Sorge um ihn waren, besonders bei der häufig heraufbeschworenen Erinnerung an den Tod seines älteren Bruders. Sie wussten, dass Nikola ihre einzige Chance war, den Familiennamen weiterzuführen. Aber die »jugendliche Unbeschwertheit« des jungen Nikola bescherte ihm »unzählige [*sic*] Schwierigkeiten, Gefahren und Schrammen«, denen er »wie durch Zauberei entging«.[20] Einmal fiel er in einen Kessel mit heißer Milch.[21] Ein anderes Mal wurde er von der Gans der Familie angegriffen.[22] Es gab auch eine Zeit, in der er versuchte, lediglich mit Hilfe eines altersschwachen Regenschirms zu fliegen. Diese Art fantasievollen Denkens brachte ihm sechs Wochen Bettruhe ein.[23]

Tesla sprach gern von seinen jugendlichen Heldentaten. Selbst zu so bedeutenden Anlässen wie der Verleihung der Edison-Medaille des angesehenen Amerikanischen Instituts für Elektroingenieure erzählte Tesla von einigen seiner Probleme und Sorgen der Jugend:

»Drei- oder viermal wurde ich beinahe eingeäschert, und man hat mich fast lebendig gekocht. Ich wurde begraben, ausgesetzt und eingefroren. Nur knapp konnte ich toll wütigen Hunden, Wildschweinen und anderen Tieren ent kommen. Ich habe entsetzliche Krankheiten überlebt, bin drei- oder viermal von den Ärzten aufgegeben worden. Ich hatte viele seltsame Unfälle, und es gibt kaum etwas, das mir nicht widerfahren ist. Dass ich heute Abend nach all den ergiebigen Jahren hier bin – gesund und munter, jung im Geiste und im Körper – grenzt an ein Wunder.«[24]

Tesla war freilich kein Mann der Untertreibung.

Die ersten Erfindungen

Inspiriert von seiner Mutter und der praktischen Lebensweise auf dem Land, zeigte Tesla bereits in sehr jungem Alter seine erfinderische Ader. Wie die meisten Kinder zog Tesla oft zum alten Fischteich, um Sport zu treiben und etwas zum Abendessen zu besorgen. Eines Tages hatte ein Junge aus dem Ort einen Haken und Angelzeug mitgebracht – ein Mitbringsel eines Verwandten. Also schnappte sich der Junge seine Ausrüstung und zog mit einer Schar von Kumpels aus der Nachbarschaft zum örtlichen Fischteich, um dort Frösche zu fangen. Tesla war nicht so glücklich – er hatte sich mit dem Jungen gestritten und wurde allein zurückgelassen, als die anderen lachend davonzogen.[25]

Er wollte den anderen zeigen, dass er auch angeln konnte, doch er hatte noch nie im Leben einen Angelhaken gesehen; und so machte Tesla seine erste Erfindung. Einen richtigen Angelhaken stellte er sich als »etwas Wundervolles mit besonderen Eigenschaften« vor, das irgendwie Frösche ködern konnte, so wie eine Sirene die Seeleute an den felsigen Küsten in ihren Tod lockt. Auch wenn er keine Vorstellung vom Aussehen eines Angelhaken hatte, ließ sich Nikola selbst im zarten Alter von fünf Jahren etwas einfallen.

Kurz nach dem Umzug der Familie nach Gospić konnte Tesla seine schnelle Auffassungs- und Erfindungsgabe unter Beweis stellen. Um die ineffiziente Eimerkette zu ersetzen, hatte die Feuerwehr eine neue, handbetriebene Pumpe angeschafft. Als sechzehn kräftige Männer den Befehl erhielten zu pumpen, geschah nichts – »nicht ein Tropfen Wasser kam aus der Spritze.«[27] Der siebenjährige Tesla hatte keine Ahnung, wie die Pumpe funktionierte, erkannte aber schnell, dass der Schlauch, der Wasser aus dem Fluss ansaugen sollte, einen Knick haben musste. Er zog seine Kleider aus, sprang in den Fluss und entwirrte den Schlauch – das Wasser spritzte hoch in die Luft und ergoss sich über die arglosen Bürger. Die Feuerwehrmänner waren von Teslas Auftritt so abgelenkt gewesen, dass sie die Spritze nicht weiter beachtet hatten.

Er fand einen Weicheisendraht, schnappte sich zwei kleine Steine und hämmerte damit so lange auf das Ende des Drahts, bis eine scharfe Spitze entstand. Mit dem in Hakenform gebogenen Draht, etwas starker Schnur und einem Zweig als Stab hatte sich Nikola eine eigene Angel gebastelt und erfand eine innovative Methode, um Frösche zu fangen. Bald darauf waren alle Jungen aus dem Dorf mit dieser »unfehlbaren« Technik vertraut und »brachten Unglück über die Frösche«.[26]

Das aber war nur der Auftakt zu seinem beeindruckenden Vorhaben mit Maikäfern – seinem ersten von vielen Versuchen, »die Kräfte der Natur für den Menschen nutzbar zu machen«, die ihn acht Jahrzehnte lang beschäftigen sollten. Als Tesla fünf Jahre alt war, erfand er so etwas wie ein Wasserrad, das aus einer einfachen glatten Holzscheibe bestand – ein Vorgänger der schaufellosen Turbine, die er später erfinden sollte.[28] Mit neun Jahren hatte er eine geniale Idee: Er setzte zwei Holzleisten zur Form eines Windrades zusammen und klebte dieses an eine Spindel. Aber Tesla ging weiter und befestigte daran eine Reihe kleiner Flaschenzüge und Fäden, um eine Art Maschine daraus zu machen. Dann fing er eine Große Zahl von Käfern, von denen er sechzehn an die vier Flügel des Windrades klebte. Als die Maikäfer versuchten zu entkommen, bewirkten ihre gemeinsamen Flügelschläge, dass sich das Windrad mit relativ hoher Geschwindigkeit drehte und so das Flaschenzugsystem antrieb, zwar mit niedrigerer Geschwindigkeit, aber mit »erstaunlich großem Drehmoment.«[29]

Leider aß ein Junge aus der Nachbarschaft später die Maikäfer auf, was Tesla so abstieß, dass er seinen Plan vom Bau eines »einhundert Käfer starken« Motors sofort verwarf.[30] Wir werden nie erfahren, wie weit Tesla diese Idee gebracht hätte.

Das Leben nimmt eine neue Wendung

Eines der wichtigsten Ereignisse seiner Jugend hat mit Teslas Katze Mačak zu tun, mit der er seine Kindheit verbrachte. Wie Tesla in einem Brief an die Tochter eines Freundes schreibt, fühlte er sich an einem kalten, verschneiten Tag plötzlich »dazu getrieben, Mačaks Rücken zu streicheln«.[31] Er vermerkte, dass das, was er sah, »ein Wunder war, das

[ihn] sprachlos machte […]. Mačaks Rücken leuchtete, und [seine] Hand verursachte einen knisternden Funkenregen, den man im ganzen Raum hören konnte.« Teslas Vater erklärte, dass dies bestimmt durch die Elektrizität käme, wie bei Blitzen. Von nun an wollte Tesla »Elektriker« werden. Nach dieser Erfahrung mit Mačak grübelte Tesla, wie man die unglaubliche elektrische Kraft der Natur nutzbar machen könnte. Doch zuerst musste er mit der Tradition brechen, nach der ihm ein Studium der Theologie zugedacht war. Immerhin war sein Vater ein Mann der Kirche, und nach Danes Tod fiel die Pflicht, dem Weg des Vaters zu folgen, auf Nikola. Dies war auch »der Herzenswunsch« der Mutter, die er so verehrte.[32] Aber Tesla war diese Idee zuwider. »Diese Aussicht hing wie eine dunkle Wolke über meinem Gemüt«, schrieb er später in seinen Erinnerungen.[33] Sein Kopf war einfach zu wissbegierig, zu erpicht auf tiefe Gedankengänge, zu begierig darauf, neue Ideen zu entwickeln. Nein, der Klerus reizte Tesla keineswegs.

Dann erkrankte er schwer, und sein zunächst gefährdetes Leben nahm nach seiner Genesung einen völlig neuen Verlauf.

Anfang des 19. Jahrhunderts war die Cholera eine tödliche Krankheit, besonders auf dem Land, wo Tesla aufwuchs. In Teslas Heimat brach eine Choleraepidemie aus, und man hatte ihr nichts entgegenzusetzen. »Die Menschen wussten nichts über den Charakter der Krankheit«, beklagte Tesla später das Unwissen, und es gab praktisch keine sanitären Anlagen. Die Bewohner »verbrannten riesige Haufen stinkenden Strauchwerks, um die Luft zu reinigen«, in der Annahme, der Gestank würde das entsetzliche Massensterben aufhalten. Oder man wollte damit nur den Gestank des Todes selbst überdecken. Das eigentliche Problem war das Wasser, und die Menschen »tranken reichlich vom infizierten Wasser und starben massenhaft wie die Schafe«.[34]

Zu dieser Zeit war Tesla weit weg von daheim und beendete gerade seine elf Jahre andauernde schulische Ausbildung. Entgegen der »ausdrücklichen [*sic*] Weisung« seines Vaters eilte Tesla heim nach Gospić. Unmittelbar nach seiner Ankunft wurde Nikola von der Cholera heimgesucht und kämpfte neun Monate um sein Leben, »fast unfähig, sich zu bewegen«, kraftlos und erschöpft. Obwohl die örtlichen Ärzte

Gegenüber: Eine typische fantastische Darstellung von Tesla in seinem Labor

GOBLE

ihn schon aufgegeben hatten und sie angesichts der hohen Todesrate mit ihrer Einschätzung wohl meistens richtig lagen, überlebte Tesla »auf Grund [seines] starken Lebenswillens«. Sein Vater wollte zwar immer noch, dass Nikola in den Klerus eintrat, aber in dem Versuch, die Lebenskräfte seines leidenden Sohnes anzuregen, versprach er, dass er ihn Ingenieurwesen studieren ließe, sollte er sich erholen.[35]

Mit dem Wunsch nach Genesung zeigte Tesla in weniger als einer Woche unglaubliche Lebenskraft, was nach fast neun Monaten Krankheit ziemlich unerwartet kam. Vielleicht war es die Gewissheit, von der Last einer Verpflichtung zum Priestertum befreit zu sein – oder vielleicht sind dies nur kreative Erinnerungen eines einfallsreichen Mannes. Mit dem Wissen, dass er in ein paar Monaten sein Ingenieursstudium beginnen konnte, wurde Teslas schnell gesund.[36] Seine Kindheit war vorüber, und sein langer und ereignisreicher Weg zum »Erfinder des 20. Jahrhunderts«, wie ihn manche nennen, konnte beginnen.[37]

Unten: Die erste Fotografie, die jemals mit phosphoreszierendem Licht gemacht wurde, 1894. Zu sehen ist Teslas Gesicht, und die Lichtquelle ist eine seiner phosphoreszierenden Lampen.

TESLA LABORATORY
LONG ISLAND N.Y.

(No Model.)

N. TESLA.

MEANS FOR GENERATING ELECTRIC CURRENTS.

No. 514,168. Patented Feb. 6, 1894.

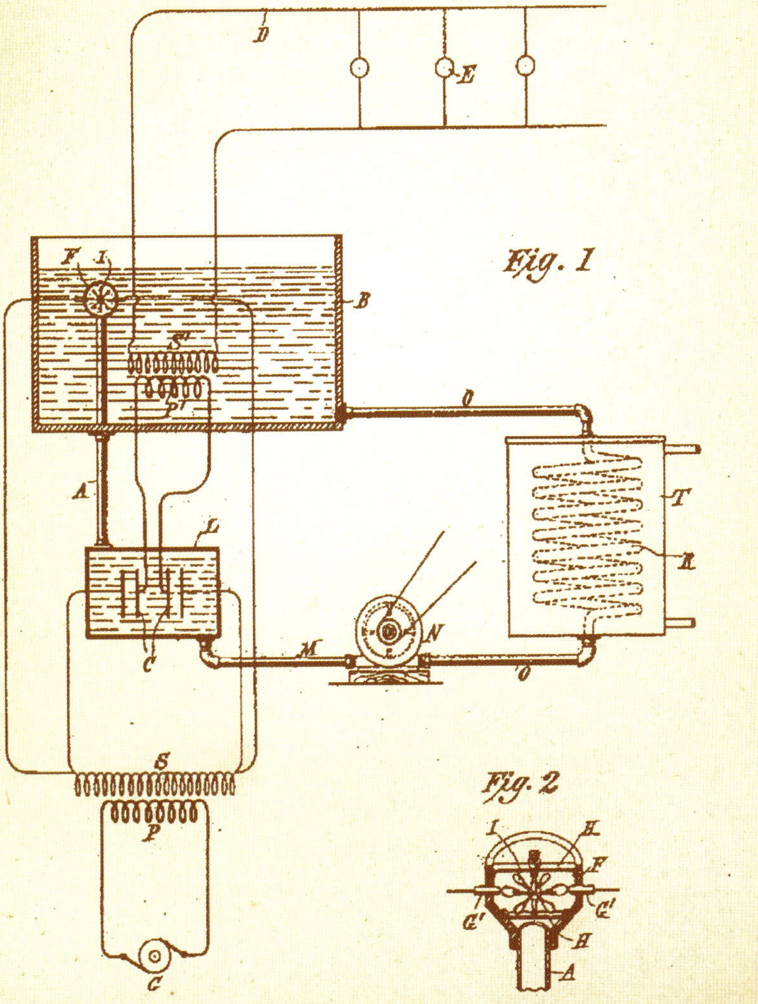

Witnesses
Raphael Netter
James N. Catlow

Inventor
Nikola Tesla
By his Attorneys
Duncan & Page

KAPITEL

AMPERE

2

ERWACHSEN IN EUROPA

In der ersten Hälfte des 19. Jahrhunderts war die Stadt Graz, nahe der heutigen Südgrenze Österreichs zu Slowenien gelegen, bereits ein wichtiges Bildungszentrum. Die heutige Technische Universität Graz wurde von Erzherzog Johann von Österreich im Jahr 1811 mit den Studiengängen Physik, Chemie, Astronomie, Mineralogie, Botanik und Technologie gegründet. Als der neunzehnjährige Tesla 1875 diese Bildungseinrichtung – damals Technische Hochschule – besuchte, war sie bereits vom Staat übernommen worden und hatte sich zu einer der führenden Ingenieurschulen der Region entwickelt. Einige der besten Studenten wurden von einigen der besten Professoren unterrichtet.[1] Genau an diesem Ort wollte Tesla sein.

Aber zunächst stand die Geldfrage im Raum. Das Gehalt eines orthodoxen Priesters war nicht ausreichend, um den Sohn auf eine Spitzenuniversität zu schicken, also fragte die Familie stattdessen beim Militär nach Geld. Doch es gab einen Haken: Tesla musste nach dem Absolvieren seines Studiums acht Jahre beim Militär dienen. Diese Zusage sollte später zu einem recht mysteriösen Jahr führen, in dem er sich aus gesundheitlichen Gründen in den Bergen versteckt hielt, wodurch seine Verpflichtung zum Militärdienst endgültig hinfällig wurde. So dubios dieses Abenteuer auch klingt, die Vereinbarung ermöglichte es Tesla, die renommierte Technische Hochschule zu besuchen.

Nikola war ein sehr fleißiger Student.[2] Im ersten Jahr besuchte er elf Kurse. In neun davon legte er erfolgreiche Prüfungen ab und erbrachte damit das Doppelte der geforderten Leistung. Neben Arithmetik, Geometrie, theoretischer und angewandter Physik, Maschinenbau, Wellentheorie und Optik – typische Kurse an einer Ingenieurschule – belegte Tesla auch Mineralogie, Botanik, Französisch und Englisch.[3] Später kamen weitere Sprachen hinzu; letztendlich beherrschte er etwa acht Sprachen und studierte die Werke großer Dichter und Denker, wie Goethe, Descartes und Shakespeare. Der Dekan der technischen Fakultät war sichtlich beeindruckt und schrieb an Teslas Vater:

»Ihr Sohn ist ein Star ersten Ranges.«[4]

Milutin Tesla war entsetzt über die an Manie grenzenden Studiergewohnheiten seines Sohnes. Nur knapp vier Stunden »Ruhe« in der Nacht strapazierten Nikolas Gesundheit. Wie in Nikolas Jugendjahren, als ihn sein Vater ausschimpfte, weil er bis in die frühen Morgenstunden im Kerzenlicht gelesen hatte, kritisierte Milutin Nikola nun für seine schlechte körperliche und psychische Verfassung.[5] Tesla war verblüfft von diesem Mangel an elterlichem Stolz, sollte aber Jahre später erfahren, dass sein Professor Milutin gebeten hatte, Nikola von der Schule zu nehmen, »da er Gefahr lief, sich durch Überarbeitung umzubringen«.[6]

Teslas zweites Studienjahr war weniger vom Wahnsinn geprägt. Mit einer normalen Auslastung von nur fünf Kursen[7] konzentrierte er sich auf Physik, Mechanik und Mathematik.[8] Tesla strebte eine Professur an und besuchte Vorlesungen von so hervorragenden Dozenten wie Professor Rogner (bekannt für seine »Theatralik«), Professor Pöschl (bekannt für seine »Förmlichkeit«) und Professor Allé.[9] Tesla mochte besonders Professor Allé, bei dem er die Integralrechnung studierte.[10] »Allé war der brillanteste Dozent, dem ich jemals zuhörte«, schrieb Tesla in seiner Autobiografie.[11] »Allé zeigte besonderes Interesse und gab mir zusätzliche Aufgaben, die ich mit Vergnügen löste«, so Tesla.[12]

Das Gleichrichter-Problem

Als Tesla die Universität besuchte, war die Elektrizität noch unterentwickelt. Bei der Stromerzeugung nutzte man damals meist Gleichstrom. Nur vier Jahre bevor Tesla nach Graz kam, hatte Zénobe Gramme an der Akademie der Wissenschaften in Paris eine neue Maschine vorgeführt – den ersten Generator, der für die Industrie Energie im kommerziellen Maße erzeugen konnte.[13] Im zweiten Studienjahr konnte Tesla eine Gramme-Maschine mit eigenen Augen sehen.[14]

Die Studenten im Seminarraum von Professor Pöschl waren äußerst gespannt. Auch wenn die Hochschule bestens ausgestattet war, so waren Gramme-Maschinen noch immer selten. Pöschl hatte eine besorgt, um ihre Funktion zu demonstrieren. Die Maschine konnte entweder als Stromquelle oder als Motor fungieren. Der letztgenannte Umstand war neu. Gramme hatte erst vor kurzem entdeckt, dass seine Maschine als elektrischer Motor arbeiten konnte, wenn sie mit Konstantspannung versorgt wurde. Durch einen glücklichen Zufall hatte sein Partner aus

Oben: Die Gramme Maschine

Unachtsamkeit die Anschlüsse einer Gramme-Maschine mit einem anderen Dynamo verbunden, der gerade Strom erzeugte, und auf einmal begann sich die Spindel zu drehen. Dieser Aufbau ist bis heute noch immer die Grundlage für fast alle Gleichstromelektromotoren.[15]

Als Pöschl die Gramme-Maschine vorführte, fiel Tesla sofort ihr größter Makel auf. Wenn der mit Draht umwickelte Weicheisenring (der Rotor) sich drehte, benötigte er einen Stromwender – einen einfachen, elektrischen Drehschalter wie bei allen Gleichstromsystemen, der den Strom an der besten Stelle des Rotors anlegt –, um die Stromrichtung umzukehren. Er ist notwendig, da sich mit jeder halben Drehung des Rotors die Richtung des Stromflusses in der Spule ändert.[16]

Der Gleichrichter versprühte aber Funken wie ein kleines Feuerwerk. Tesla hatte keine Hemmungen, wenn er meinte, im Recht zu sein, und machte Pöschl auf diesen maßgeblichen Defekt des Geräts aufmerksam. Pöschl entgegnete etwas ungehalten: »Das wohnt der Natur der Maschine inne.«[17] Er erklärte weiter: »So lange die Elektrizität in eine Richtung fließt und [ein] Magnet zwei Pole besitzt, die sich dem elektrischen Strom entgegengesetzt verhalten, müssen wir einen Gleichrichter verwenden, um im richtigen Moment die Richtung des Stroms in dem sich drehenden Anker umzuwandeln.«

Tesla wollte nicht klein beigeben: »Das ist offensichtlich. Die Maschine ist beschränkt durch die Art des Stroms. Ich schlage vor, den Gleichrichter ganz wegzulassen und Wechselstrom zu verwenden.«[18]

Offenbar missfiel dem erfahrenen Professor das Gebaren dieses zwanzigjährigen Dorfbuben. In seiner nächsten Vorlesung nahm er Teslas Idee systematisch und rabiat auseinander. Selbst Tesla war von der öffentlich demütigenden Art dieses Tadels verblüfft. Pöschl beendete seine Vorführung mit den Worten:

»Herr Tesla wird große Dinge erreichen, aber ›dies‹ wird er sicherlich niemals tun. Das wäre, als würde man eine stetige Zugkraft wie die Schwerkraft in eine Drehbewegung umwandeln. Ein solches Perpetuum mobile ist unmöglich.«

Von diesem Moment an konzentrierte sich Nikola Tesla darauf zu beweisen, dass Pöschl falsch lag. Er war geradezu besessen von dieser Idee. Den Rest des zweiten Studienjahres und bis ins dritte Studienjahr hinein war er bemüht, sich ein Bild von einer elektrischen Maschine zu machen, die ohne Gleichrichter funktionierte. Der ausbleibende Erfolg war frustrierend, aber er wusste, dass er es irgendwann schaffen würde. Diese Entdeckung sollte noch einige weitere Jahre auf sich warten lassen.

Aber nicht in Graz. Aus ungeklärten Gründen hat Tesla das Studium in Graz nie abgeschlossen. Der einstige Super-Student, der elf Kurse im ersten Jahr absolvierte und weitere fünf im zweiten, legte nach dem fünften Semester keine einzige Prüfung mehr ab. Er hatte schlechte Gewohnheiten angenommen – Glücksspiel, Kartenspiel und Billard –, aber sein Verstand war noch immer scharf wie zuvor. Natürlich war Teslas Vater, der sich einst sorgte, dass Nikola sich zu Tode arbeiten würde, nicht sonderlich glücklich darüber, seinen Sohn mit dem Geld heimkehren zu sehen, das Milutin ihm zum Zweck der Fortführung seines Studiums in Prag geschickt hatte. Doch anstatt das Herbstsemester in Prag zu beginnen, kam Tesla »vom rechten Wege ab« und verschwand wortlos. Später ging er nach Marburg (heute Maribor) im heutigen Slowenien und nahm dort eine Stelle als Ingenieurgehilfe an.

Selbstfindung

Tesla hatte es schwer in Marburg. Er bekam zwar ein sehr gutes Gehalt, schaute dafür aber häufig zu tief ins Glas.[19] Er ging oft mit Freunden etwas trinken und spielte auf der Straße mit den Einheimischen Karten.[20] Nachdem er sich einmal zu oft in Schwierigkeiten gebracht hatte, wurde er von den örtlichen Behörden aufgefordert, die Stadt zu verlassen. Dem beunruhigten Milutin gelang es schließlich, seinen Sohn zu finden und zur Rückkehr nach Gospić zu überzeugen. Mit der finanziellen Unterstützung seines häufig verärgerten Vaters ging Nikola 1880 nach Prag mit dem Ziel, an der renommierten Karl-Ferdinands-Universität sein Ingenieurstudium fortzuführen.

Im späten 19. Jahrhundert war Prag eine wichtige Stadt in der Habsburger-Ära, und so wie Lika, die Region um Smiljan, war sie Teil der

Donaumonarchie Österreich-Ungarn. Die ehemals deutschsprachige Mehrheit sah sich einem Zustrom tschechischer Immigranten gegenüber. Tesla sprach beide Sprachen fließend und war folglich niemals um die passenden Worte verlegen. Er kam rechtzeitig zum Sommersemester an, machte sich fleißig an das Studium der Physik und Mathematik und verfolgte weiter seinen Traum, Elektroingenieur zu werden. Er dachte auch weiter angestrengt über einen Motor ohne Gleichrichter nach. Er wusste, dass er die Lösung dafür finden würde.

Dann starb sein Vater.

Da er nicht länger für sein Studium aufkommen konnte, verließ Tesla die Universität in Prag, sollte nie wieder in das formelle Bildungswesen zurückkehren und auch nie einen akademischen Abschluss erlangen. Er suchte nach Arbeit. Ein Familienkontakt nannte ihm eine Stelle bei der neuen Telefonzentrale in Budapest – was für ein Glück, dachte Tesla damals. Er nahm den Zug in die ungarische Hauptstadt und war bereit für die Arbeit mit Alexander Graham Bells neuem Telefon.

Leider war die Telefonzentrale bisher weder gebaut noch geplant. Frustriert und bedürftig nach Essen, Kleidung und Obdach nahm Tesla eine Stelle als technischer Zeichner beim zentralen ungarischen Telegrafenamt an.[21] Welche Ironie, dass er nun für ein mageres Gehalt zeichnete, wo er doch in der Schule im Zeichnen einmal fast durchgefallen wäre. Zum Glück bekam er durch Fleiß, Talent und Arbeitsmoral bald eine Anstellung als Ingenieur, wo er seine Sorgfalt und seinen Weitblick für den Entwurf neuer Telefonsysteme einbringen konnte.[22]

Mit dem Gefühl, endlich etwas Sinnvolles zu tun, und imstande, bestehende Konzepte weiterzuentwickeln, erfand Tesla ein neues Gerät zur Geräuschverstärkung – den Vorgänger des Lautsprechers.[23] Er war jedoch besser im Erfinden als im Vermarkten, denn er ließ das Gerät nie patentieren. Diese Eigenart sollte ihm zeitlebens Probleme bereiten.

Tesla arbeitete eng mit Ferenc Puskás zusammen, einem Freund der Familie, der gemeinsam mit seinem Bruder Tivadar Thomas Edisons Beleuchtungsarbeiten in Sankt Petersburg sowie die Gleichstrom-Präsentation auf der Weltausstellung in Paris geleitet hatte.[24] In Budapest erfuhr Tesla durch Puskás von Edisons bedeutenden Errungenschaften.

Vorherige Doppelseite: Ringstraße in Budapest

Er untersuchte auch das Prinzip der Induktion, arbeitete in seiner Freizeit an dem immer noch offenen Gleichrichter-Problem und erfand den Wechselstrommotor. Seine Besessenheit erklärte Tesla später so:

»Für mich war es ein heiliges Gelübde, eine Frage von Leben oder Tod. Ich wusste, dass ich sterben würde, sollte ich scheitern.«[25]

Seine Worte waren nicht übertrieben – seine Besessenheit von diesem Problem wurde tatsächlich zu einer Frage von Leben oder Tod. Teslas Neigung zu zwanghaft langen Arbeitstagen und wenig Schlaf forderte schließlich ihren Tribut: Er erlitt einen Nervenzusammenbruch. Obwohl er sonst ständig seltsamen Lichtblitzen und ohrenbetäubenden Geräuschen ausgesetzt war, konnte jetzt das leiseste Flüstern zu viel sein. Er behauptet, dass sich das Ticken einer Uhr »drei Räume entfernt wie ein Hammerschlag auf einen Amboss anhörte«.[26] Ein Sonnenstrahl fühlte sich auf seiner Haut wie ein Laserstrahl an. Sein Herz schlug bis zu 150-mal pro Minute. Kurz gesagt, Tesla war am Ende.

Die Entdeckung

Über Monate bekämpfte Tesla seinen Dämonen, sowohl physiologisch als auch psychologisch. Regelmäßig wiederkehrende Zuckungen plagten seinen Körper, und die geistige Erschöpfung zehrte an seinem Lebenswillen. Zudem machte Tesla auch sein ständiges Versagen bei der Erfindung des Wechselstrommotors ohne Gleichrichter zu schaffen. Dieser Gedanke ließ ihn seit der Vorlesung bei Professor Pöschl in Graz nicht mehr los und hielt ihn wahrscheinlich am Leben.

Ein Teil seiner Therapie waren tägliche Spaziergänge; darauf hatte sein Freund Anton Szigeti bestanden. Bei einem dieser Spaziergänge machte Tesla die Entdeckung, die sein Leben verändern sollte und die schließlich den Weg für die moderne Elektrizität ebnete.

Nächste Doppelseite: Tesla vor der Französischen Physikalischen Gesellschaft und vor der Internationalen Gesellschaft der Elektriker, ca. 1880

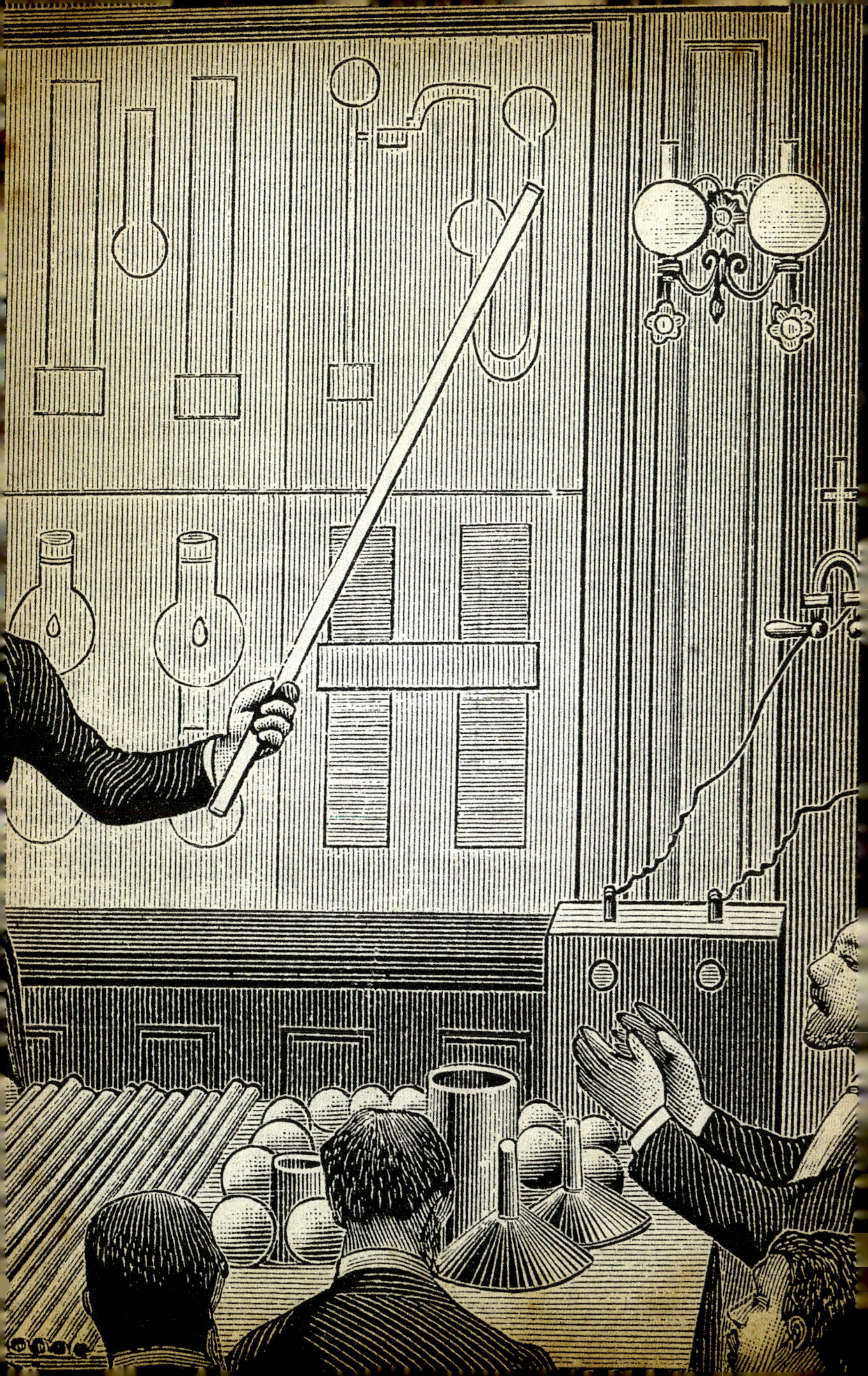

1882 war nicht mal ein Jahrzehnt vergangen, seit sich die beiden Zwillingshauptstädte Buda und Pest offiziell zu Budapest vereinigt hatten. Mit dem Bau des imposanten Parlamentsgebäudes, das heute auf der Pest-Seite der Donau emporragt, sollte erst in drei Jahren begonnen werden. Der auf dem Berg am gegenüberliegenden Flussufer gelegene jahrhundertealte Burgpalast erfuhr einen weiteren Umbau, als die Stadt wuchs, um die neue unabhängige ungarische Regierung beherbergen zu können. Die elektrische Beleuchtung mit Gleichstrom wurde 1878 im Stadtzentrum eingeführt.[27]

Hier ging Tesla eines Abends mit Szigeti spazieren, als die Sonne langsam unterging. Das schimmernde Abendrot erinnerte ihn an ein Gedicht, das er auswendig gelernt hatte – an Goethes *Faust*.

Als Tesla in einem tranceähnlichen Zustand dahinschlenderte, rezitierte er mit lauter Stimme Goethes berühmte Zeilen im Original:

Oben: Ansicht von Budapest, ca. 1890–1900
Links: Der niederländische *Faust*, ca. 1918

»Sie rückt und weicht, der Tag ist überlebt,
Dort eilt sie hin und fordert neues Leben.
O! dass kein Flügel mich vom Boden hebt,
Ihr nach und immer nach zu streben!
Ein schöner Traum, indessen sie entweicht!
Ach, zu des Geistes Flügeln wird so leicht
Kein körperlicher Flügel sich gesellen!«[28]

Plötzlich hielt Tesla inne. In seiner Autobiografie erzählt er:

»Als ich diese inspirierenden Worte von mir gab, überkam es mich wie ein Blitz, und die Wahrheit eröffnete sich. Mit einem Stock zeichnete ich die Diagramme in den Sand. Die Bilder, die ich sah, waren wunderbar scharf und klar, fest wie Metall und Stein. Und ich sagte zu ihm: ›Hier, sieh dir meinen Motor an; schau zu, wie ich ihn reversiere.‹ Ich kann meine Gefühle nicht beschreiben. Als Pygmalion seine Statue zum Leben erwachen sah, konnte er kaum bewegter gewesen sein. Ich hätte tausend zufällig von mir gelüftete Naturgeheimnisse für dieses eine gegeben, um das ich allen Widrigkeiten zum Trotz und unter Lebensgefahr gerungen hatte.«[29]

»Die Idee eines rotierenden Magnetfeldes war von majestätischer Schönheit«, schrieb sein erster Biograf John O'Neill unterwürfig, »sie präsentierte der Wissenschaft einen neuen Grundsatz von erhabener

Größe, dessen Einfachheit und Nutzen ein enormes Reich neuer Einsatzgebiete eröffnete.« Tesla hatte das erreicht, was Professor Pöschl für unmöglich gehalten hatte.[30]

Der langersehnte Wechselstrommotor war erfunden, wenn auch zunächst nur in Teslas Kopf. Es sollte weitere sechs Jahre dauern, bis er nach Zuspruch von Thomas Commerford Martin seinen Entwurf beim Amerikanischen Institut für Elektroingenieure in New York City vorstellte. Das bahnbrechende Gerät existierte anfangs nur in Teslas Gedanken, und er modifizierte und verbesserte es in den nächsten Jahren gänzlich in seiner Vorstellung. Später schrieb er in *Meine Erfindungen*:

»Einige Zeit gab ich mich dem intensiven Genuss hin, mir Maschinen vorzustellen und neue Formen zu entwickeln. Es war ein freudiger Seelenzustand, wie ich ihn nie zuvor in meinem Leben erfahren hatte. Ich hatte ständig neue Ideen und das einzig Schwierige war, an ihnen festzuhalten.

Die Bauteile des von mir erdachten Apparats erschienen mir völlig real und bis ins kleinste Detail materiell, sogar bis zu den kleinsten Verschleißspuren. Ich erfreute mich an der faszinierenden Vorstellung konstant laufender Motoren vor meinem geistigen Auge. Wenn die natürliche Vorliebe sich in leidenschaftlicher Sehnsucht entfaltet, nähert man sich seinem Ziel in Siebenmeilenstiefeln. In weniger als zwei Monaten entwickelte ich nahezu alle Motorenarten und Modifikationen des Systems, die heute auf meinen Namen zurückgehen.«[31]

Mit Sicherheit eine imposante Aussage. Trotzdem sollte es noch Jahre dauern, bis seine neue Erfindung zum Einsatz kam.

Gegenüber: Thomas Edison (in der Mitte sitzend), ca. 1892

Auf nach Paris!

1882 endete Teslas Aufenthalt in Budapest. Über seine Beziehungen zu den Puskás-Brüdern lernte er Charles Batchelor kennen, damals Thomas Edisons Partner in Paris.[32] Batchelor war Engländer und ein Meister der Mechanik, der sein Handwerk in den Textilfabriken Manchesters erlernt hatte.[33] Aber Batchelor war mehr als nur ein guter Techniker; er war ein geborener Geschäftsmann und Organisator. Fast in Eigenregie hatte er den Ausbau von Edisons Gleichstromsystem in ganz Europa betreut; meist wurden isolierte Kraftwerke für einzelne Fabriken, Hotels, Werften und Bahnhöfe gebaut.[34] Dies verdeutlichte das Problem mit dem Gleichstrom – er war auf niedrige Spannung begrenzt und konnte nur über kurze Strecken übertragen werden. Um eine gesamte Stadt zu beleuchten, mussten etwa alle 1,5 Kilometer Kraftwerke errichtet werden. Dieses logistische Problem führte dazu, dass Batchelor trotz seines Verkaufsgeschicks nur drei zentrale Elektrizitätswerke bauen konnte, je eines in Mailand, Rotterdam und Sankt Petersburg.

Tesla wusste, dass er die Lösung für dieses Problem hatte – den Wechselstrommotor. Aber gerade erst in Paris angekommen war er als Nachwuchsingenieur wohl kaum in der Position, die Welt zu verändern. Während er sein Wechselstromsystem gegenüber Batchelor und anderen in Paris anpries, wollten Edisons Leute einfach nichts davon wissen. Immerhin gehörte ihnen das Gleichstromsystem, und Edison hatte sich selbst damit gerühmt, Europa, die Vereinigten Staaten und den Rest der Welt mit seinem Gleichstrom zu versorgen. Nein, dachte Edison, Teslas Wechselstromsystem konnte einfach nicht funktionieren.

Wie schon so oft stürzte sich Tesla in die Arbeit. Jeden Morgen stand er um fünf Uhr auf und hatte einen geregelten Tagesablauf: Nach 27 Runden in einem Badehaus an der Seine ging es im Fußmarsch von einer Stunde zur Edison-Fabrik, dann verschlang er ein herzhaftes Holzfällerfrühstück und begann einen Tag, der gewöhnlich erst in den frühen Morgenstunden des nächsten Tages endete.[35]

Tesla war nicht nur ein Arbeitstier, sondern auch ein Genießer. Paris war ein Magnet für Haute Couture und die Künste. Er entwickelte eine Leidenschaft für edle Kleidung, kaufte sich elegante Anzüge, Handschuhe aus weichem Ziegenleder, luxuriöse Lederschuhe mit Gamaschen und handgefertigte Hemden. Dieser Lebenswandel passte aber gar nicht zu seinem Geldbeutel, so dass »das Einkommen im Handumdrehen wieder ausgegeben wurde«. Als Puskás ihn fragte, wie er in der neuen Stadt zurecht käme, scherzte Tesla über seine Finanzen:

»Die letzten neunundzwanzig Tage des Monats sind die schwierigsten!«[36]

Anfangs verbrachte Tesla seine Zeit bei ›Continental Edison‹ als eine Art reisender Techniker, der zur Behebung schwieriger Probleme am Gleichstromsystem geschickt wurde. Er war hauptsächlich in Frankreich und Deutschland unterwegs, »behob die Leiden« und kehrte zurück nach Paris. Durch diese Erfahrungen konnte er Verbesserungen für die Dynamos vorschlagen. »Es war ein voller Erfolg«, schrieb Tesla, »und die erfreuten Direktoren gewährten mir das Privileg, die begehrten automatischen Regler zu entwickeln.« Nachdem er sich schnell einen Ruf als Retter der Lage gemacht hatte, der über hervorragende Deutschkenntnisse verfügte, war Tesla die logische Wahl für eine Entsendung nach Straßburg im Elsass. Während der Eröffnungszeremonie für ein neues Lichtkraftwerk am Bahnhof war es zu einer Katastrophe gekommen, und schnelle Hilfe war erforderlich.

Der Straßburger Bahnhof aus dem Jahr 1846 war 1883 umgestaltet worden. Würdenträger wie der Deutsche Kaiser Wilhelm I. versammelten sich, um sich das neue Gleichstromsystem zur Beleuchtung des Bahnhofs anzusehen. Nach dem Einschalten geschah es: Eine Wand stürzte durch eine starke Explosion zu großen Teilen zusammen und hätte Wilhelm I. beinahe unter sich begraben. Nach dieser massiven Fehlfunktion und weiteren Problemen bei der Qualitätssicherung – die Glühbirnen brannten schneller aus als man sie ersetzen konnte – wurde der talentierte Tesla entsandt, um einzuschätzen, wie der Schaden zu reparieren sei; sowohl am Gleichstromsystem als auch an der Sensibilität der Elsässer.

Bei seiner Ankunft stellte er fest, dass es sich hier nicht nur um einen Fall von vertauschten Drähten handelte; es gab grundlegende Mängel in der Planung des Gleichstromsystems. Batchelor hatte Edison gewarnt, dass die von Amerika nach Europa verschifften Generatoren defekt waren (»zu häufig ist es aufgrund fehlerhafter Anker und schlechter Isolierung zu Feuer gekommen.«[37]). Laut Tesla war die Verkabelung defekt und die Explosion, die die Wand zum Einsturz gebracht hatte, wurde durch einen gewaltigen Kurzschluss ausgelöst.[38] Tesla nahm sich der Problembehebung an und verbrachte fast ein Jahr mit der Überarbeitung der Generatoren und dem erneuten Aufbau des Systems.

Er nutzte das Jahr in Straßburg aber nicht nur, um für Edison die Probleme mit den Dynamos zu beheben. Wenn er nicht am Bahnhof war oder andere beim Billard herausforderte, arbeitete Tesla an der Entwicklung des Wechselstrommotors, den er ein Jahr zuvor in Budapest erdacht hatte. Er hatte sich Konstruktionsmaterial mitgebracht und versuchte in einer Mechanikwerkstatt gegenüber vom Bahnhof »einen einfachen Motor zu bauen«.[39]

Im Sommer konnte er »endlich eine durch wechselnde Ströme unterschiedlicher Phasen bewirkte Drehung beobachten, ganz ohne Schleifkontakte oder Gleichrichter.«[40] Aus Begeisterung über die Verwirklichung seiner Vision bat Tesla Herrn Bauzin, den Bürgermeister von Straßburg, um Unterstützung; dieser warb bei der lokalen, wohlhabenden Elite eifrig um Investitionen. Leider erhielt der Bürgermeister aber keinerlei Rückmeldung. Frustriert plante Tesla seine Rückkehr nach Paris und hoffte, dort mehr Interesse für seine Ideen zu wecken.

Da der Straßburger Bahnhof nun voll beleuchtet und von der elsässischen Regierung abgenommen worden war, kehrte Tesla »in freudiger Erwartung nach Paris zurück«. Die Verwalter von Edisons Werk in Europa hatten Tesla »eine großzügige Vergütung« versprochen, sollte er das Straßburg-Problem erfolgreich beheben, und sie wollten auch »eine gerechte Prüfung der an den Dynamos vorgenommenen Verbesserungen« durchführen. Er hoffte vielleicht naiv, »eine nette Summe zu erzielen«.[41] Doch es sollte anders kommen als erwartet.

Letztendlich erkannte Tesla, dass die zugesagte Vergütung mehr rhetorisch als realistisch war. Immens ernüchtert über die Art der Behandlung, wurde er gleichzeitig von Charles Batchelor gedrängt, nach Amerika zu gehen, um dort angeblich Edisons Dynamos und Motoren umzugestalten und zu verbessern. Tesla sah darin eine Möglichkeit, seine Entwürfe dem großen Thomas Edison höchstpersönlich zu präsentieren und machte sich auf in das »Land der goldenen Aussichten«.[42]

Gegenüber: Thomas Edison

O'Neill behauptet, dass Batchelor ein Empfehlungsschreiben an Thomas Edison verfasste, auch wenn seine Existenz umstritten ist.[43] Er soll darin geschrieben haben: »Ich kenne zwei große Männer, und Sie sind einer von ihnen; der andere ist dieser junge Mann.«[44] Tesla reiste nach Amerika. Aber die Dinge sollten anders verlaufen als geplant.

(No Model.) 3 Sheets—Sheet 3.

N. TESLA.

DYNAMO ELECTRIC MACHINE.

Fig. 7.

Inventor

Witnesses

Nikola Tesla

Chas H. Smith
Geo. T. Pinckney

per Lemuel W. Serrell

atty

KAPITEL 3

TESLA DER SELTSAME

In Amerika hielten ihn vielleicht noch nicht alle für einen großen Mann, aber ganz bestimmt für einen Exzentriker – und was für einen! Seine Eigenarten wurden, wenn auch unbeabsichtigt, fast zu seinem Markenzeichen. Auch Tesla selbst musste sich eingestehen, dass er etwas merkwürdig war, sowohl nach europäischen als auch amerikanischen Maßstäben. Alles begann in sehr jungen Jahren.

Visionen

In seiner Jugend litt Tesla an etwas, das er »seinen sonderbaren Kummer« nannte.[1] In Blickrichtung tauchten unvermittelt Bilder aus seiner Vorstellung auf. Natürlich ist die Verbildlichung von Objekten eine Erfahrung, die jedem widerfahren kann. Bei Tesla aber gingen diese Visionen »häufig mit starken Lichtblitzen einher«.[2] Das Hören eines gesprochenen Wortes genügte, um ihm das Bild des erwähnten Objekts »leibhaftig vor Augen zu führen, und manchmal war es fast unmöglich zu unterscheiden«, ob dieses Objekt real war oder nicht. Oft bat er eine seiner Schwestern, ihm zu sagen, ob etwas wirklich existierte oder nur seiner Fantasie entsprang. Obgleich er »mit der Hand durch sie hindurch greifen konnte«[3], blieben Teslas Visionen an Ort und Stelle. Sein Bruder Dane soll zu Lebzeiten ähnliche Probleme gehabt haben.

In seinen Visionen konnte er sogar über seinen Körper hinaus in anderen Räumen wandeln, sogar andere Teile der Erde bereisen, obwohl er damals noch sehr wenig von der Welt gesehen hatte.[4]

»Dann begann ich, instinktiv Ausflüge über die Grenzen der kleinen mir bekannten Welt hinaus zu machen, und ich sah neue Bilder. Anfangs waren sie sehr verschwommen und undeutlich; sie huschten davon, wenn ich versuchte, meine Aufmerksamkeit auf sie zu richten. Aber nach und nach gelang es mir, sie zu fixieren; sie wurden stärker, klarer und waren schließlich so konkret wie reale Dinge. Bald erkannte ich, dass es für mich das beste wäre, meine Visionen einfach weiter zu verfolgten und ständig neue Eindrücke zu sammeln; und so begann ich zu reisen – natürlich nur in meinem Kopf. Jede Nacht (und manchmal auch tagsüber) begab ich mich auf Reisen. Ich sah neue Orte, Städte und Länder, lebte dort, traf Menschen, schloss Freundschaften und Bekanntschaften, die mir, so unglaublich es auch klingen mag, genauso teuer wie und nicht weniger intensiv in ihrer Erscheinung als die im wahren Leben waren.«[5]

Es mag lustig klingen, aber dem jungen Nikola verursachten diese Visionen und ihre begleitenden Blitze und Geräusche »großes Unbehagen und Ängste«.[6] Erst mit siebzehn Jahren lernte er, sich diese Visionen zunutze zu machen, um sich seine Erfindungen »ohne große Mühe« zu vergegenwärtigen. Er konnte sich fantastische Maschinen vorstellen, ganz ohne Modelle, Zeichnungen oder Experimente.[7]

Sobald Tesla die Kontrolle über seine Visionen erlangt hatte, stellte er Theorien über deren mögliche Ursache auf. Ausgehend von der Annahme, dass er sonst normal sei und nicht etwa anfällig für »Halluzinationen, wie sie in kranken und schmerzgeplagten Köpfen auftreten«, kam er zu der Überzeugung, dass diese Visionen »das Ergebnis einer Reflexhandlung des Gehirns auf die Netzhaut unter großer

Erregung« waren. »Wenn ich richtig liege«, so Tesla später, »sollte es möglich sein, das Bild eines jeden erdachten Objekts auf eine Leinwand zu projizieren und somit sichtbar zu machen. Dieser Fortschritt würde die menschlichen Beziehungen revolutionieren [*sic*]. Ich bin überzeugt, dass dieses Wunder in der Zukunft vollbracht werden kann und wird. Ich habe der Lösung dieses Problems viele Gedanken gewidmet.«

Es sollte eines von vielen Problemen sein, dem Tesla im Laufe seiner Karriere »viele Gedanken widmete«.

Ausübung der Selbstkontrolle

Tesla musste Kontrolle über die unangenehmen Visionen erlangen. Sein Vater war stets ein Verfechter der Selbstkontrolle gewesen. Zum einen galt es, die Erscheinungen und blendenden Blitze zu bezwingen, zum anderen hatte er das Gefühl, dass »[sein] Charakter bis zum achten Lebensjahr schwach und unbeständig war.« Er war »beherrscht vom Aberglauben und lebte in ständiger Angst vor dem Bösen, vor Gespenstern, Ungeheuern und anderen Monstern der Finsternis«. Er glaubte, »weder Mut noch Kraft für einen festen Willen« aufbringen zu können.

»Die Eindrücke kamen in Schüben, und sie schwankten unaufhörlich zwischen den Extremen. Meine Wünsche waren von verzehrender Kraft und vervielfachten sich wie die Köpfe der Hydra. Mich bedrückten Gedanken über die Qualen in Leben und Tod sowie die religiöse Angst.«[8]

Und dann »kam ein gewaltiger Umbruch, der [seinem] Leben eine völlig andere Richtung gab.«

Tesla war schon immer ein Bücherwurm gewesen (selbst gegen den Willen seines Vaters las er nachts heimlich bei Kerzenlicht), und so stieß er mit acht Jahren auf einen Roman mit dem Titel *Abafi* (»Der Sohn von Aba«). *Abafi* war die serbische Übersetzung des Werks eines bekannten ungarischen Autors. Als Tesla viel später nochmals darüber

nachdachte, beschrieb er die Lektionen dieses Autors als »ähnlich denen von Lew Wallace«, eines Generals des Unionsheers im Amerikanischen Bürgerkrieg, der für seinen 1880 erschienenen historischen Roman *Ben Hur* bekannt ist.[9] *Abafi* weckte Teslas »schlafende Willenskräfte«, und er begann sich in Selbstbeherrschung zu üben.[10] Er trainierte seinen Verstand, sich auf die vorliegende Aufgabe zu konzentrieren. »Zunächst schwanden mein Vorsätze wie Schnee im April«, schrieb er in seiner Autobiografie, »aber bald darauf überwand ich meine Schwäche und verspürte eine bis dahin unbekannte Freude – das zu tun, was ich wollte. Mit der Zeit ging mir diese mentale Übung in Fleisch und Blut über.«

Anfangs fiel ihm dies jedoch schwer. Bereits vor seinem zwanzigsten Lebensjahr rauchte er viel – »jeden Tag fünfzehn oder zwanzig große schwarze Zigarren«[11] –, und er wurde »spielsüchtig«.[12] Seine kränkelnde jüngere Schwester bat ihn, das Rauchen aufzugeben, was er auch tat. Er fand damals auch heraus, dass seine wiederkehrenden Herzprobleme auf seine harmlose morgendliche Tasse Kaffee zurückzuführen waren. Er habe »sofort damit aufgehört«, auch wenn es ihm »nicht leicht fiel«.[13]

»So stellte ich auch andere Angewohnheiten und Vorlieben auf den Prüfstand und erhielt nicht nur mein Leben, sondern zog auch eine immense Genugtuung aus dem, was die meisten Männer als Entbehrung und Opfer werten.«[14]

Dem Glücksspiel konnte Tesla nur schwer entsagen. Sein Vater verabscheute die »sinnlose Verschwendung« von Zeit und Geld, von der Nikola (wie die meisten) behauptete: »Ich kann jederzeit damit aufhören.« Die Verachtung Milutins ignorierte er. Seine Mutter ging einfühlsamer vor: Sie übergab ihm ein Bündel Geldscheine und sagte: »Je schneller du alles verlierst, was wir besitzen, umso besser für uns. Ich weiß, du wirst darüber hinwegkommen.« Nikola legte seine Sucht augenblicklich ab, »riss sie aus dem Herzen, ohne auch nur eine Spur des Verlangens zurückzulassen.«

Gegenüber: Tesla 1885 mit 29 Jahren, kurz nach seiner Ankunft in den Vereinigten Staaten

Kein Sex für Nikola

Offenbar war auch Teslas Sexualität durch das »Herausreißen« des Verlangens beeinflusst worden. Sein Schüler Marc Seifer zitiert William H. Terbo (den Enkel von Teslas Schwester), der verlauten ließ, dass »Frauengeschichten« zum Abbruch des Studiums in Graz beigetragen haben könnten.[15] Obwohl eine Wahrsagerin in Teslas Hand »die Linie eines Herzensbrechers« erkannt haben wollte, entschied er sich bewusst für das Zölibat.[16] Das hielt jedoch die Medien (sogar Fachzeitschriften) nicht davon ab, ihn zur Heirat zu drängen – schließlich »könne man von wichtigen Personen erwarten, dass sie sich zum Wohle des Landes fortpflanzten«.[17] Wie sein enger Freund, der Wissenschaftsautor Kenneth Swezey, später bemerkte, war Tesla »nur mit seiner Arbeit verheiratet«; er glaubte, dass »die wichtigsten Errungenschaften von unverheirateten Männern stammen«.[18] Swezey beschrieb Tesla als »völlig enthaltsam«.[19] Tesla selbst meinte, ein großer Erfinder dürfe sich nicht von der Liebe ablenken lassen. Über die Ehe sagte er:

»Für einen Künstler, ja; für einen Musiker, ja; für einen Autor, ja; aber für einen Erfinder, nein. Die ersten drei lassen sich von einer Frau inspirieren und werden von ihrer Liebe zu höheren Leistungen geführt. Ein Erfinder aber hat ein so intensives Wesen – wild und leidenschaftlich –, dass er sich der Liebe zu einer Frau vollständig hingeben und dadurch sein Fachgebiet vernachlässigen würde. Ich glaube nicht, dass es viele großartige Erfindungen von verheirateten Männern gibt.«[20]

Merkwürdigkeiten im Überfluss

Diese Eigenheiten hatte Tesla, zumindest zu einem gewissen Grad, absichtlich gewählt. Andere Charakterzüge lagen weit jenseits von dem, was man als die Verschrobenheiten eines Genies erachten könnte. In seiner Autobiografie gesteht Tesla, dass er sich über die Jahre »viele seltsame Vorlieben, Abneigungen und Angewohnheiten« zugelegt hatte:

»Ich hatte eine starke Abneigung gegen Ohrringe, doch anderer Schmuck, etwa Armbänder, gefiel mir je nach Gestaltung. Der Anblick einer Perle konnt bei mir fast einen Anfall auslösen, aber der Glanz von Kristallen oder scharfkantigen Objekten mit ebenen Oberflächen faszinierte mich. Ich berührte nie das Haar anderer Menschen; dazu hätte man mich mit der Waffe zwingen müssen. Beim Anblick eines Pfirsichs bekam ich Fieber, und befand sich irgendwo im Haus ein Stück Kampfer, wurde mir sehr unbehaglich.«[21]

Er stellte auch seinen Kaffee- und Teekonsum ein. Bei seinen ausgedehnten 12–16 Kilometer langen Spaziergängen durch New York City zählte er seine Schritte. Beim Dinieren in den edelsten Restaurants – oft im Steakhaus ›Delmonico's‹ – berechnete er »den Rauminhalt von Suppentellern, Kaffeetassen und Speisen«. Sonst könne er das Essen nicht genießen. Im ›Delmonico's‹ wussten die Bedienungen, dass sie ihn jedes Mal mit achtzehn Servietten zu versorgen hatten, denn »alle [seine] Handlungen oder Abläufe mussten durch drei teilbar sein«. Eine falsche Berechnung und er fühlte sich dazu getrieben, »nochmals von vorn anzufangen, auch wenn es Stunden dauern sollte«.

Oben: Steakhaus Delmonico's, New York, ca. 1903

Mr. Tesla Explains Why He Will Never Marry

Famous Scientist Felt Unworthy of Woman as She Used To Be, and Now He Can't Endure Her Trying to Outdo the Men

Mrs. Davenport Engberg, the director of a symphony orchestra and a good example of the way women are entering fields that used to be exclusively man's

Ida Schnall, the all-round woman athlete, in a boxing bout with Willie Bradley—a sure indication, according to Mr. Tesla's rather gloomy views, that our civilization is deteriorating

Nikola Tesla, the electrical wizard whose discoveries paved the way for this radio age

"In place of the soft voiced, gentle woman of my reverent worship," says Mr. Tesla, "has come the woman who thinks that her chief success in life lies in making herself as much as possible like man—in dress, voice and actions, in sports and achievements of every kind"

Renee Prahar, one of many women who are trying to outstrip the men in sculpture

A woman worker in a Michigan railroad machine shop

WHEN a man who has made a name for himself deliberately chooses to remain a bachelor the world is naturally curious to know what the reasons were that impelled him to this choice.

Marriage has come to be considered the natural thing for every normal man, and when some pre-eminent man shows a firm determination to sidestep it everybody wonders whether his superior intelligence has revealed to him some fatal defects in the institution of matrimony which are not apparent to the average person.

But the public's curiosity in this respect is seldom gratified. Most of the distinguished bachelors try to pass off their bachelorhood as a joke, saying that it is not a matter of choice, but because they have never been able to find a woman who would marry them. As a rule, they are singularly averse to giving any serious reasons for their failure to become husbands.

Nikola Tesla, the great scientist and inventor, is a striking exception to this rule. In a recent interview with a representative of this newspaper he frankly explains why he has never married and why he probably never will marry.

And in connection with his explanation he presents some ideas about woman's freedom and what he thinks it is sure to lead to that will be read with interest by those who agree with him as well as by the many who will not.

In the past the reason why Mr. Tesla never married was because his estimation of woman placed her on such a lofty pedestal that he could never bring himself to feel worthy of her. Now that she has, as he feels, stepped down from her pedestal and bartered all her noblest qualities for what is called her "freedom," he is even more disinclined to matrimony than he was before.

Although of course Mr. Tesla is too gallant a gentleman to say it in so many words, his comments let it be inferred that he thinks the new woman almost as far beneath him as the one of other days was above him. According to his views, the sex has rushed from one extreme to another of quite a different kind, and in the plunge it has left for Mr. Tesla and other bachelors who think as he does no "happy medium" such as Josiah Allen's wife used to declare one of the essentials to happiness.

"I had always thought of woman," says Mr. Tesla, "as possessing those delicate qualities of mind and soul that made her in these respects far superior to man. I had put her on a lofty pedestal, figuratively speaking, and ranked her in certain important attributes considerably higher than man. I worshiped at the feet of the creature I had raised to this height, and, like every true worshiper, I felt myself unworthy of the object of my worship.

"But all this was in the past. Now the soft-voiced gentle woman of my reverent worship has all but vanished. In her place has come the woman who thinks that her chief success in life lies in making herself as much as possible like man—in dress, voice and actions, in sports and achievements of every kind."

In these words the great electrical genius sums up the reasons for his bachelorhood.

Some who read them will urge that his view of womankind is distorted by the years he has spent in the laboratory, dealing with inanimate things and developing perhaps an abnormal shyness which acts as an insuperable barrier to marriage. Others will say that the very fact of his detachment from the ordinary routine of life makes him all the better qualified to point out its defects and to criticize the change for the worse which he believes new conditions have brought to womankind.

"Women," says Mr. Tesla, "are becoming stronger than men, both physically and mentally.

"The world has experienced many tragedies, but to my mind the greatest tragedy of all is the present economic condition wherein women strive against men, and in many cases actually succeed in usurping their places in the professions and in industry. This growing tendency of women to overshadow the masculine is a sign of a deteriorating civilization.

"Woman's determined competition with man in the business world is breaking down some of the best traditions—things which have proved the moving factors in the world's slow but substantial progress.

"Practically all the great achievements of man until now have been inspired by his love and devotion to woman. Man has aspired to great things because some woman believed in him, because he wished to command her admiration and respect. For these reasons he has fought for her and risked his life and his all for her time and time again.

"Perhaps the male in human society is useless. I am frank to admit that I don't know. If women are beginning to feel this way about it—and there is striking evidence at hand that they do—then we are entering upon the cruelest period of the world's history.

"Our civilization will sink to a state like that which is found among the bees, ants and other insects—a state wherein the male is ruthlessly killed off. In this matriarchal empire which will be established the female rules. As the female predominates, the males are at her mercy. The male is considered important only as a factor in the general scheme of the continuity of life.

"The tendency of women to push aside man, supplanting the old spirit of co-operation with him in all the affairs of life, is very disappointing to me.

"Woman's independence and her cleverness in obtaining what she wants in the business world is breaking down man's spirit of independence. The old fire he once experienced at being able to achieve something that would compel and hold a woman's devotion is turning to ashes.

"Women don't seem to want that sort of thing to-day. They appear to want to control and govern. They want man to look up to them, instead of their looking up to him."

Mr. Tesla is not given to making statements that he cannot prove. His life's work has been based on logic, not on guesses.

In voicing his gloomy views of modern life Mr. Tesla says his observations are not confined to the women of this country. Conditions abroad, he says, suggest that the same tendency is world-wide. Having always regarded woman as a super-being, he expresses great sadness over the change he thinks the last few years have brought in her.

"I am considering this question not merely from the standpoint of a man," he points out. "I am thinking of the woman's side of it.

"As we contemplate any change, we naturally take into consideration the results that may follow such an innovation. One of the results to my mind is quite a pathetic one. Woman, herself, is really the victim instead of, as she thinks, the victor. Contentment is absent from her life. She is ambitious, often far beyond her natural equipment, to attain the thing she wants. She too frequently forgets that all women cannot be prima donnas and motion picture stars.

"Woman's discontent makes the life of the present day still more overstressed. The high pitch given to existence by people who are restless and dissatisfied because they fail to achieve things wholly out of proportion to the health and talent with which Nature has endowed them is a bad thing for the world.

"It seems to me that women are not particularly happy in this newly found freedom, in this new competition which they are waging so persistently against men in business and the professions and even in sport. The question that naturally arises is, whether the women themselves are the gainers or the losers.

"Discontent makes for cranks and unnatural people. There seems to be an uncommon number of them about to-day. This is one of the reasons I remain apart from the crowds. The public, or semi-public, character is the target for all sorts of attacks and unpleasant communications.

"For example, I used to receive all sorts of strange notes, many of them letters from cranks threatening my life, because they had read about my experiments in manufacturing lightning bolts. They wrote that they believed I was using these lightning flashes to kill them!

"It seems to me that anything which adds to the great discontent which we observe on every side to-day must be a bad influence on our life. Women who keep themselves agitated by their tremendous ambition to beat man at his game are losing at the same time something that counts for more in the end, it seems to me, than the empty honors that success in business or one of the professions can ever give.

"The power of the true woman is so great that I believe if a beautiful woman—that is to say, one beautiful in spirit, in manner and in thought, in fact, beautiful in every respect, a sort of goddess—were to appear suddenly on earth, she could command the whole world. Her leadership, I believe, would be universally recognized.

"History has given us many examples of the wonderful influence exerted by unusual women. Among these have been the mothers of great men. But their influence lay not in their determination to outdo man, or even to compete with him.

"Perhaps because woman is a finer and more highly sensitized instrument she knows by instinct her power and understands that the extent of it lies in the high position she takes for herself. But the superior never descends to the level of the commonplace."

These views of Nikola Tesla will be received with great interest, whether one agrees or not with his idea that woman in her new role is a sinister force that is going to pull down to ruin our whole social structure. He is generally recognized as one of the greatest mentalities of the present day.

Twenty years ago Tesla astonished the world by flashing a wireless message clear around the globe. His experimental work paved the way for the radio age in which we are now living. Many scientists think it quite possible that one of his highly sensitized machines actually caught signals from Mars.

For several years past, he has been living in comparative seclusion in the Colorado Rockies, devoting himself to the perfection of two or three inventions which he expects will revolutionize methods of transportation and communication. He is almost ready to explain to the world a way of transmitting electrical energy without the use of wires.

This will enable the energy from some great source of power like Niagara Falls to be quickly and economically transmitted to any desired part of the earth—and, perhaps, some day to Mars and other planets.

Some philosopher has said that it is as perilous for a man to say he will never marry as for a physician to try to predict the exact hour of a person's death. Mr. Tesla is not an old man. Perhaps he will live long enough to find some woman who will be able to convince him that she has attained her new freedom without sacrificing any of the womanly qualities which he so greatly admires.

Wenn er nachts nach Hause ging, machte er drei Runden um den Block.[22] Bei seiner Ankunft in Colorado Springs (am 18. Mai) bezog er Zimmer 207 (teilbar durch 3) und wies das Dienstmädchen an, täglich achtzehn saubere Handtücher zu bringen (eine merkwürdige Bitte, aber da Tesla viel Trinkgeld gab, tat sie ihm gern diesen Gefallen).[23]

Für dieses »Gehirnkino« machte Tesla täglich Übungen, um eine noch bessere Selbstwahrnehmung zu entwickeln.[24] Wahrscheinlich versetzten ihn diese Übungen, die die meisten Menschen heute als Zwangsstörung bezeichnen würden, in einen meditativen Zustand, der laut Tesla die Grundlage seiner Erfindungen war. In einem Brief an die *New York Times* schrieb Tesla:

»[Ich] würde die eigentliche Untersuchung oder Erforschung, Entdeckung und Erfindung lieber als ›kreative‹ wissenschaftliche Leistung bezeichnen, die denen eines Künstlers entspricht, auch wenn sie von einem anderen, wenn nicht gar gegensätzlichen, Motiv herstammt.«

Tesla setzte seine Argumentation eher metaphyisch fort:

»Der Künstler und der Mann der Wissenschaft streben nach Unabhängigkeit von der Sinnenwelt durch die beiden einzig denkbaren Möglichkeiten – der eine durch Lossagung von ihr, der andere durch ihre vollständige Beherrschung.«[25]

Diese Zwänge, die sich im Alter noch weiter ausprägten, deuteten sich bereits zu Beginn von Teslas akademischer Laufbahn an. So hatte er an der Technischen Hochschule in Graz »eine wahrhafte Manie, alles Begonnene zu beenden«. Als er Voltaires Werke zu lesen begann, stellte er »mit Bestürzung« fest, dass »dieses Monster« fast einhundert große

Gegenüber: *Galveston Daily News*, 1924

Bände in Kleindruck »geschrieben hat, während er zweiundsiebzig Tassen schwarzen Kaffee *per diem* trank«. Da er alles beenden musste (»es war notwendig«), arbeitete sich Tesla durch jeden Band und beschloss später, »niemals wieder« eine so lästige Arbeit auf sich zu nehmen.[26]

Sein Leben lang blieb Tesla ein Nachtmensch, der mit nur drei Stunden Schlaf auskam; mitunter war es auch nur ein kurzes Nickerchen. Zur Verwirrung einiger seiner Assistenten erschien Tesla stets »pünktlich um zwölf Uhr mittags«[27] in seinem Labor. Seine Sekretärin musste an der Tür auf ihn warten, um seinen Hut, seinen Spazierstock und seine Handschuhe entgegen zu nehmen. Während der Arbeit sprach Tesla häufig mit sich selbst, oft auch über Dinge die nur er verstehen konnte. Bei Gewitter wurden die Rolläden des sonst verdunkelten Raumes hochgezogen, damit sich Tesla von den Lichtblitzen – ähnlich denen der nach ihm benannten Spule – inspirieren lassen konnte. Seine Selbstgespräche sollen in diesen Momenten »absolut flüssig« gewesen sein.

Manchmal nahmen Teslas Eigenarten auch unangenehme Züge an. Zeit seines Lebens war er dünn, so sehr, dass man ihn in späteren Jahren oft als ausgezehrt und gar als Gerippe empfand. Weil er ein Leben lang wenig Fett zu sich nahm, war er womöglich denjenigen gegenüber intolerant, die er als übergewichtig betrachtete. Er ekelte sich vor Fettleibigen und mied sie nach Möglichkeit.[28] O'Neill stellte diesen Umstand wie folgt dar:

»Er hatte eine genaue Vorstellung von der weiblichen Figur. Der große ›kräftige‹ Typ lag ihm nicht, und er verabscheute dicke Frauen. Gut gepolsterte Damen, die ihre Zeit auffällig gekleidet und juwelenbehangen in Hotel-Lobbys vergeudeten, waren ihm ein Dorn im Auge. Er mochte gepflegte, schlanke, anmutige und lebhafte Frauen.«[29]

Neben seiner Aversion gegenüber Beleibten stellte Tesla hohe Ansprüche an seine tägliche Kleidung – selbst im Labor. Seine übliche

Straßenkleidung »bestand aus Gehrock und Melone […], seine Taschentücher waren nicht aus Leinen, sondern aus weißer Seide, seine Krawatten schlicht und seine Kragen steif«.[30] Er wechselte sie häufig. Es mag nicht überraschen, dass der penible Tesla dafür bekannt war, den Kleidungsstil seiner Assistenten und Sekretärinnen zu kritisieren. Einmal forderte er eine Sekretärin auf, nach Hause zu gehen und sich umzuziehen, bevor sie einem Bankier eine Nachricht überbringen sollte.[31] Die »wohlproportionierte« Frau trug ein Kleid »allerneuester Mode« mit extrem tiefer Taille, wodurch der Rock relativ kurz ausfiel; »vom Hals bis zur Hüfte […] war es beinahe ein schmuckloser Zylinder.«[32] Sie hatte es selbst geschneidert und war sehr stolz auf ihren Stil und ihr Talent. Tesla beeindruckte das aber nicht:

»Miss«, sagte er, »was tragen sie da? Das können sie bei dem Botengang, den sie bitte für mich erledigen mögen, unmöglich tragen. Ich möchte Sie mit einer Nachricht zu einem sehr wichtigen Bankier in die Innenstadt schicken, aber was würde er denken, wenn jemand aus meinem Büro als Modeopfer in so einem Ungetüm auftauchen würde? […] Also, Miss, Sie setzen sich jetzt in ein Taxi, damit Sie nicht von zu vielen Menschen gesehen werden, fahren nach Hause, ziehen etwas Vernünftiges an und kehren schnellstmöglich zurück, um für mich diesen Brief auszuhändigen.«[33]

O'Neill merkte auch an, dass Tesla seine weiblichen Angestellten nie mit Namen ansprach, weder mit Vor- noch mit Nachnamen. Er nannte sie einfach »Miss«. Schlimmer noch – mit seinem starken europäischen Akzent hörte es sich an wie »Mies«. Wenn er seiner tiefen Unzufriedenheit Ausdruck geben wollte, wie in dem o. g. Fall mit der Sekretärin, die er beschimpft hatte, zog er das Wort in die Länge, was dann klang wie »Miiiiiieeeesss.« Wenn er es so sagte, konnte es laut O'Neill, der Zeuge derartiger Szenen wurde, wie »ein schroffer, kurzer Fluch« wirken.[34]

Bakterien, verzieht euch!

Tesla fürchtete sich vor Bakterien. Vor dem Essen säuberte er mit einer seiner achtzehn Servietten jedes Besteck, jedes Stück Porzellan und jedes Glas von Bakterien.[35] Gewöhnlich trug er vornehme Lederhandschuhe und lehnte es ab, jemandem die Hand zu geben. Ließ sich ein Händedruck nicht vermeiden, entschuldigte er sich schnell und eilte zur Toilette, um seine Hände zu waschen. Teslas Angst vor Bakterien begann, nachdem er unter dem Mikroskop die vielen winzigen Kreaturen betrachtet hatte, die im üblichen Trinkwasser zu finden waren. Über diese Erfahrung schrieb Tesla später an Robert Underwood Johnson: »Hätten Sie diese ekligen Kreaturen auch nur ein paar Minuten lang gesehen – behaart und hässlicher als alles, was Sie sich vorstellen können –, wie sie sich gegenseitig in Stücke reißen und ihre Flüssigkeiten im Wasser verteilen, dann würden Sie nie wieder einen Tropfen nicht abgekochten oder unsauberen Wassers trinken.«[36]

Eine Leidenschaft für Tauben

Trotz seiner Keimphobie hatte Tesla anscheinend nichts dagegen, sich unter den Tauben am Bryant Park in der Nähe seines Labors aufzuhalten. Es war nicht unbedingt merkwürdig, dass er die Vögel mochte; immerhin war er auf dem Land aufgewachsen, umgeben von »Tauben, Hühnern, Schafen und einer herrlichen Schar Gänse, die sich gewöhnlich morgens in die Lüfte erhoben und bei Sonnenuntergang

Oben: Teslas beste Freunde
Gegenüber: *Salt Lake Herald*, 27. Juni 1897

ry maid
xpensive
nd even
ial this
dainty
ul and
n lawn.
e frock,
wed by
and the
deftly
always
em, are
ucks in
n with
e work.
ever be
op cap
narrow
ich are
nia, is
nd lace
l.
styles,
and in-
lling of
uneven
es four
s long,
coil of
ade of
inished
e frills.

STRANGEST MAN IN NEW YORK.

Nikola Tesla and His Perpetual Motion Machine.

New York, June 25.—The strangest man in this city is unquestionably Nikola Tesla. Within the past fortnight he has astounded scientists the world over by his announcement that he had perfected his wireless telegraph—in other words, that he had sent and received communications between distant points without the use of wires and simply by employing the natural energy of the earth. Nature, he says, teems with power and motion.

Tesla is a young man. He has just passed his fortieth birthday. If he lives 20 years or more and retains his faculties the world will be a different place to live in compared with today. His ideas and projects are so big that it ing." So Tesla does not gamble now, at least, not over the card table. His laboratory supplies all the excitement that his emotion can stand.

Tesla's father was a clergyman of the Greek church, and it was intended that the son should fit himself for the same life. The idea of entering the ministry was opposed by the boy with such pertinacity that at last his father compromised by agreeing that he should become a professor of mathematics and physics. With that end in view Tesla was sent to the Polytechnic institute at Gratz, and there, in operation, was a gramme dynamo. That simple electrical instrument, the first that he had seen, settled the feature calling of Tesla.

Prior to entering the Polytechnic at Gratz he had first attended a publi

tion of them made the leading French electricians regard their originator as a fanciful dreamer. Some friend advised him to come to America. This he did, and, hunting up Thomas A. Edison, soon convinced that genius that he was a valuable man to employ.

Tesla's stay with Edison was brief. He had his own ideas, and, it is believed, they clashed with Edison's. Tesla has never said much about this. Right here it should be mentioned that the Montenegrans has not the jealousy common among inventors. He never belittles the work of any man, and he has done more for young electricians just starting out than any other dozen men of his profession.

GRANTLAND GRIEVE.

HE GOT THEM BOTH.

The Fledgling Lawyer Makes a Splendid Stroke of Business.

Detroit Free Press: "My best stroke of business was when I first hung out my shingle in the west," told the lawyer who now handles none but the most important and remunerative cases. "Living about 50 miles north of the town in which I was impatiently waiting for something to do, was an eccentric old fellow who owned enough land to make three or four counties and enough cattle to feed the armies of the world.

"As I was pacing up and down the little office one morning, wondering what I could go at if my first case didn't come soon, I answered a knock at the door to meet a young lady who had all the glow and vigor of the prairie with the easy society ways of the cultured eastern woman. While I was trying to recover my breath she told me that she was a messenger from her father, who had heard that there was a new lawyer in town, and wanted his opinion in a matter that threatened to lead to a lawsuit. I took the letter she handed me and found it signed by the rich old ranchman.

"'But your father asks an opinion without making any statement of his case,' I said after reading.

"'It's evident that you don't know papa. If you sent back for further information he would denounce you as an ignoramus and have nothing more to do with you. Write something learned in language but obscure in ideas. Quote a lot of your musty old legal maxims in the original Latin, and, above all things, abuse the other man with merciless bitterness.'

"In three hours she was back from her shopping, and the 'learned opinion' was ready. The language was ponderous. The sentences were long and involved. The Latin was injected without reference to the context, and the abuse was underlined with red ink. She read and laughed till her sparkling eyes rained tears down her brilliant cheeks. 'You must arrange to do all papa's law business,' she warned me at parting, and I danced a boisterous solo when she was gone.

"Next day came a letter from 'papa.' He had at last found a lawyer. That opinion was worthy of a Webster or a Choate. He enclosed $1,000, and made me his attorney. Later I got the daughter."

Rapid Stenography.

Washington Post: Anent the prevailing discussions as to the highest speed ever attained by expert shorthand writers there is a story going the rounds of the feat of a Georgia court stenographer, which by long odds broke the world's record in that line of work.

It was when that eminent jurist, the late Judge Richard Clark, was presiding in the Atlanta circuit of the superior court. One of the most remarkable murder trials was in progress. The evidence was conflicting and the judge was called upon to charge the jury on some decidedly new and interesting legal points. Now the judge was a rapid talker. In this instance it was very important that every word he spoke should be correctly recorded, and he so cautioned the stenographer.

Then Judge Clarke began. As he warmed up to his charge he was speaking at the rate of 250 words a minute. Once he glanced toward the stenographer.

in Kampfformation von ihren Futterplätzen zurückkehrten«.[37] Diese Vögel konnten »die beste Fliegerstaffel unserer Zeit beschämen«.[38]

Der Umzug von Smiljan in die Stadt Gospić mit sechs Jahren war für ihn eine »Katastrophe«, die ihm fast das Herz gebrochen hätte – er musste seine Vogel- und Tierfreunde zurücklassen. In der Stadt fühlte er sich wie ein Gefangener, hatte Angst, auf die Straße zu gehen und auf die frecheren »Stadtjungs« zu treffen. Lieber wollte er einem »brüllenden Löwen« entgegentreten.[39] Als er nach dem Läuten der Kirchenglocken in unglücklichem Timing die Kirchenstufen heruntergerannt kam und dabei versehentlich die Schleppe vom Kleid einer »guten, aber aufgeblasenen Frau« abriss, erfuhr er die einzige (wenn auch milde) körperliche Züchtigung durch seinen Vater. In seinen Memoiren schrieb er seine Beschämung und Bestürzung als »unbeschreiblich«.

Es ist unklar, ob dieses Kindheitstrauma tatsächlich etwas mit seiner späteren Begeisterung für Tauben zu tun hatte. Auch wenn er immer tadellos gekleidet war, stellte sich Tesla manchmal mit ausgestreckten Armen in den Bryant Park, Vogelfutter zu seinen Füßen, und zum Schluss war er gänzlich von Tauben bedeckt. Dieser Anblick war ein Erlebnis, und die Passanten schmunzelten darüber, dass sich dieser Mann

Oben: Teslas weiße Lieblingstaube
Gegenüber: Der erste praxisnahe ›Teleautomat‹

Ches
CIGA

für so unsaubere Vögel interessierte. Aber hier stand er unter lebhaftem Federvieh, nur wenige Schritte von seinem Labor entfernt.

Mitunter streifte Tesla mit gesenktem Kopf durch die Straßen von New York City und hielt aufmerksam nach verletzten Tauben Ausschau, die die Glasscheiben der neuen Wolkenkratzer New Yorks mit einem Durchgang verwechselt hatten. Er lief auf jeden Vogel zu, der ihm auffiel, hob seinen neuen Schützling vorsichtig hoch und brachte ihn in sein Hotelzimmer, um ihn wieder gesund zu pflegen.

Das skurrilste Ereignis mit Bezug auf seinen Taubenfanatismus geschah in der Nacht seiner Auszeichnung mit der Edison-Medaille. Die 1909 vom Amerikanischen Institut für Elektroingenieure ins Leben gerufene Auszeichnung wird »für Verdienste in der Elektrizitätsforschung, der Elektrotechnik oder den elektronischen Künsten« verliehen. Thomas Edison hatte eigentlich gar nichts mit der Medaille zu tun.[40] Sie ist jedoch die älteste und begehrteste Auszeichnung im Ingenieurwesen der USA.[41] Vor Tesla wurde sie nur sechsmal verliehen, etwa an Alexander Graham Bell und George Westinghouse.

Als der Augenblick der Verleihung nahte, war Tesla nirgendwo im Saal zu finden. Er war nicht sonderlich erfreut von der Vorstellung, eine Auszeichnung verliehen zu bekommen, die den Namen seines Erzrivalen trug, doch es ist schon etwas seltsam – selbst für jemanden wie Tesla –, gerade zu diesem Zeitpunkt den Raum zu verlassen. Bernard Behrend, der ihm die Medaille schmackhaft gemacht hatte, konnte ihn weder auf den Toiletten noch in den Vorzimmern finden und lief hektisch nach draußen vor das Gebäude in der 40. Straße, in dem der ›Engineers Club‹ untergebracht war, unweit der berühmten Stadtbibliothek. Als er sich

Oben: Die Edison-Medaille
Gegenüber: Der Bryant Park, New York City

an die vielen Spaziergänge zum Bryant Park erinnerte, wo Tesla die Tauben fütterte, lief er die Straße zur Bibliothek hinunter. Dort, auf den Stufen zwischen den imposanten Marmorlöwen, spielte sich eine der skurrilsten Szenen ab, die er sich vorstellen konnte.[42]

Dort stand Tesla, »durch die schnittigen Konturen seines Fracks übermäßig groß«, inmitten vieler Zuschauer und »trug zwei Tauben wie eine Krone auf dem Kopf, ein Dutzend mehr auf seinen Schultern und Armen; ihre weißen und zartblauen Körper bildeten einen starken Kontrast zu seinem schwarzen Anzug und schwarzen Haar.« Außerdem »saß auf seinen ausgestreckten Armen je ein Vogel, während scheinbar hundert weitere vor ihm auf dem Boden einen lebendigen Teppich bildeten, herumhüpften und das von ihm verstreute Futter aufpickten.«[43]

Schließlich kehrte Behrend mit Tesla in den ›Engineers Club‹ zurück, und Tesla konnte seine Edison-Medaille entgegennehmen. Teslas Faszination für Tauben hielt bis an sein Lebensende. Der Mann war ein Paradoxon: Er hatte eine extreme Keimphobie, mied deshalb menschlichen Kontakt, aber hier war er bedeckt mit Vogelfedern und schlimmeren Dingen. Wenn er erkrankte und nicht seine Runden drehen konnte, mussten seine Assistenten an seiner statt nach verletzten

Gegenüber: Tesla erleuchtet in seinem Labor mittels Hochfrequenzstrom ohne Kabel eine Vakuum-Glühlampe, 1898

Tauben Ausschau halten. Unter genauen Anweisungen mussten sie die Vögel einsammeln und sich um sie kümmern, wenn Tesla verhindert war.

Merkwürdig bis zum Ende

Tesla schlief selten länger als eine Stunde am Stück und nahm regelmäßig etwas, das man als »elektrisches Bad« bezeichnen könnte. Auf der Weltausstellung in Chicago hatte er dies erstmals äußerst unterhaltsam demonstriert. Er stellte sich auf ein isoliertes Podest aus Hartgummi und setzte seine Induktionsspule (Teslaspule) in Gang. Um Verbrennungen zu vermeiden, näherte er sich dem freien Pol mit einem Metallgegenstand in der Hand – Millionen von Volt pro Sekunde strömten daraufhin durch seinen Körper und um ihn herum. Ungesehene elektrische Lichtbögen umspielten ihn und erzeugten »ein Gefühl von Nadelstichen«. Wenn er seine Finger in Richtung der Spule ausstreckte, baute sich über die Lücke hinweg eine Brücke aus Funken und Lichtströmen auf. »Die Lichtbögen sind nicht unangenehm«, erklärte Tesla, »nur an den Fingerspitzen [*sic*] verspürt man ein Brennen.«[44] Tatsächlich empfand er diese Behandlungen als anregend und reinigend.

Im letzten Jahrzehnt seines Lebens zog sich Tesla immer mehr zurück und verließ nur noch selten sein Hotelapartment, mit Ausnahme seiner regelmäßigen Rundgänge zum Wohle der Tauben. Mittellos – die Kosten für das Hotel trug die Westinghouse-Gesellschaft – ernährte er sich bald nur noch von Milch und Nabisco-Keksen.[45] Nach dem Tod seiner wenigen verbliebenen Freunde besuchten ihn nur noch der junge Autor Kenneth Swezey und sein ehemaliger Angestellter Charles Hauser; Letztgenannter kümmerte sich gewöhnlich um Teslas Tauben, wenn dieser zu schwach war, es selbst zu tun.

Seine Eigenarten machten Tesla sowohl im negativen als auch im positiven Sinne zu einem interessanten Mann.

TESLA LABORATORY
LONG ISLAND N.Y.

No. 787,412. PATENTED APR. 18, 1905.

N. TESLA.

ART OF TRANSMITTING ELECTRICAL ENERGY THROUGH THE NATURAL MEDIUMS.

APPLICATION FILED MAY 16, 1900. RENEWED JUNE 17, 1902.

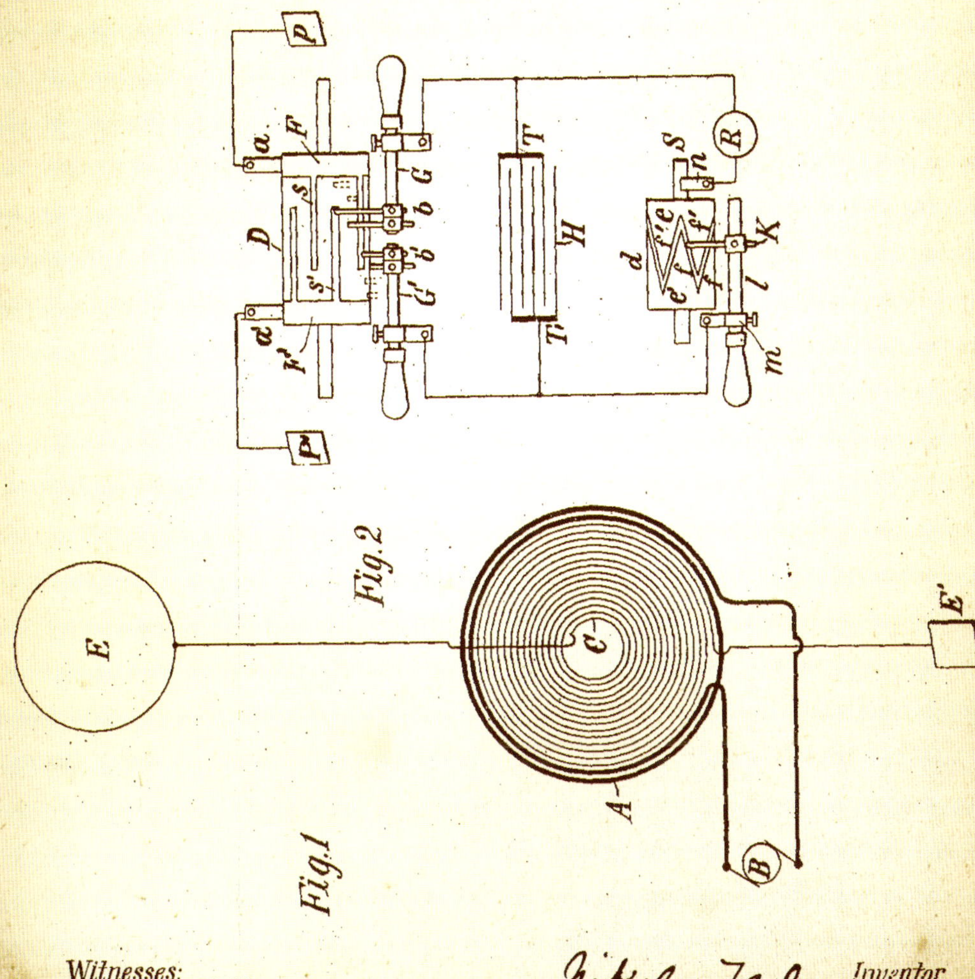

Fig. 2

Fig. 1

Witnesses:
Raphaël Netter
M. Lawson Dyer.

Nikola Tesla Inventor
by Ken. Page & Cooper Att'ys

Kapitel Ampere 4

Edison und Westinghouse

Nach einer mittelmäßigen Atlantiküberfahrt kam Tesla 1884 New York City an – ihm wurde sein Geld gestohlen und unterwegs gab es eine kleine Meuterei[1]. Aber er war voller Tatendrang, sein Wechselstromsystem zu entwickeln. Sein erster Eindruck war jedoch ernüchternd. Nachdem Tesla in den Hauptstädten Europas ein kulturelles Leben geführt hatte, war er schockiert von dem, was er in der größten Stadt des neuen Kontinents vorfand:

»Das, was ich zurückließ, war in jeder Hinsicht schön, künstlerisch und faszinierend; was ich hier sah, war maschinell bearbeitet, grob und reizlos.«[2]

Später sollte er Trost darin finden, zusammen mit der elegant gekleideten, wohlhabenden Elite auf der Fifth Avenue zu flanieren. Ankunftsort für alle Immigranten war damals das Depot von Castle Garden; Ellis Island sollte erst acht Jahre später eröffnet werden und die Freiheitsstatue stand noch in Paris. Bei Teslas Ankunft war alles in

Amerika recht düster. Das Land erfuhr gerade eine seiner regelmäßigen Konjunkturflauten. Im Frühling war der Aktienhandel an der Wall Street eingebrochen und die darauf folgende Panik hatte zum Bankrott dreier Großbanken und tausender Unternehmen geführt. Da es scheinbar wieder bergauf ging, gab es zwar Hoffnung, aber die neuen Immigranten waren nicht überall willkommen, weil man glaubte, sie würden den Amerikanern die wenigen Jobs wegnehmen.[3] Im Land der unbegrenzten Möglichkeiten war vieles möglich, aber der Erfolg war nicht garantiert.[4] New York City war gefährlich, laut und dreckig .

Ob Tesla einen Freund besuchte oder einem Mechaniker aushalf, bevor er zum Kraftwerk in der Pearl Street ging – dazu gibt es unterschiedliche Berichte. Er traf aber schnell auf Thomas Edison. Tesla war sichtlich von dem Mann beeindruckt, den ein Zeitungsreporter später als »Zauberer vom Menlo Park« titulierte.[5] Tesla erinnerte sich:

»Das Treffen mit Edison war ein unvergessliches Ereignis in meinem Leben. Ich staunte über diesen großartigen Mann, der ohne große Vorteile oder wissenschaftliche Ausbildung so viel erreicht hatte.«

Oben: Castle Garden
Gegenüber: Die Panik im Jahr 1884

BROADWAY 23

Edison dagegen war von dem achtundzwanzigjährigen Serben nicht so beeindruckt. Obwohl er selbst erst siebenunddreißig Jahre alt war, hatte Edison sich in seinen Menlo Park-Laboratorien (heute ›Edison-Laboratorien‹) in New Jersey bereits ein eigenes Imperium aufgebaut. Zu seinen Erfindungen gehörten der Telegraf, das erste kommerziell nutzbare Glühlicht, langlebigere Glühbirnen und die ersten Versionen des Grammophons. Seine großartigste Erfindung war jedoch das Gleichstromsystem, das die Erzeugung und die Verteilung von Strom an Geschäfte und wohlhabende Hausbesitzer ermöglichte.

Edison sah in Tesla einen überheblichen Anfänger mit wilden Ideen. Tesla bestärkte diesen Eindruck auch noch, als er sofort verkündete, sein Mehrphasensystem sei dem Gleichstromsystem überlegen und »das einzig brauchbare System zur Stromversorgung und Beleuchtung«.[6] Edison belächelte diese Unterstellung. Er hatte das Wechselstromsystem bereits als zu gefährlich und in Kernbereichen als mangelhaft abgelehnt und sein Geschäft komplett auf die Erzeugung und den Verkauf von Gleichstrom ausgelegt. Trotzdem erhielt Tesla von Edison einen Job, bei dem er hauptsächlich mit alltäglichen Reparaturarbeiten beschäftigt war.

Das änderte sich, als es auf dem Dampfschiff S.S. *Oregon* zu einem Vorfall kam. Als eines der schnellsten und modernsten Passagierschiffe seiner Zeit war die *Oregon* mit einer gleichstrombetriebenen Beleuchtungsanlage ausgestattet. Diese funktionierte aber nicht. Beide Stromgeneratoren waren seltsamerweise ausgefallen; das Schiff lag nun

im Hafen von New York und wartete auf seine Reparatur. Dummerweise waren die Generatoren von den Schiffsaufbauten eingeschlossen worden; man konnte sie also nicht einfach ausbauen und ersetzen. In seiner Verlegenheit und Verzweiflung schickte Edison den neu eingestellten Tesla, um nach dem Rechten zu sehen.

Mit dem nötigen Werkzeug ging Tesla am Abend an Bord des Schiffes und stellte fest, dass »die Generatoren mehrere Kurzschlüsse und Aussetzer hatten«. Unterstützt durch die Besatzung der *Oregon* arbeitete Tesla die ganze Nacht hindurch und »brachte die Generatoren wieder zum Laufen«.[7] Um fünf Uhr morgens machte er sich auf den Rückweg und lief dabei Edison und Batchelor in die Arme. »Unser Pariser macht wohl einen Nachtspaziergang«, sagte Edison, und Tesla entgegnete, dass beide Generatoren des Schiffs erfolgreich repariert werden konnten. Tesla zufolge schaute Edison ihn nur schweigend an, drehte sich um und ging davon. »Aber einige Schritte weiter hörte ich ihn sagen: ›Batchelor, dieser Mann ist verdammt gut.‹«

Teslas Ansehen stieg in Edisons Augen, und fortan verfügte er über »völlige Freiheit bei der Arbeitsplanung«.[8] Die Arbeit war interessant und Tesla war glücklich. Er arbeitete regelmäßig von 10:30 Uhr bis 5:00 Uhr am nächsten Morgen, sieben Tage in der Woche. Edison war beeindruckt und sagte: »Ich hatte viele fleißige Assistenten, aber Sie schießen den Vogel ab.«[9] Gelegentlich dinierte Tesla mit Edison und anderen wichtigen Personen aus Edisons verschiedenen Unternehmen. Mitunter spielten sie zusammen Billard, und Tesla »beeindruckte die anderen mit seinem Bandenspiel und seiner Zukunftsvision«.[10]

Voherige Seite: Thomas Edison (links) und die S. S. *Oregon* (rechts)

Da er Möglichkeiten zur Verbesserung von Edisons Generatoren sah, fertigte Tesla einen Entwurf an und hob darin die gesteigerte Leistung und die Kosteneffizienz seiner beabsichtigten Veränderungen hervor. In einem Anflug von Wohltätigkeit versprach Edison Tesla 50 000 US-Dollar, sollte er Erfolg haben. Tesla ging sofort an die Arbeit, entwarf über das Folgejahr vierundzwanzig verschiedene Arten von Dynamos, »ersetzte die damals verwendeten Feldmagneten mit langen Eisenkernen durch effizientere mit kurzen Eisenkernen« und entwickelte eine automatische Steuerung.[11] Edisons erzielte dadurch enorme finanzielle Vorteile, aber als Tesla seine Bezahlung einforderte, lachte Edison nur und sagte: »Sie sind noch immer ein Pariser. Wenn Sie ein vollwertiger Amerikaner sind, werden Sie einen amerikanischen Witz verstehen.«[12]

Den erneuten Betrug von Edison empfand Tesla als »schmerzhaften Schock« und kündigte sofort. Es war der Frühling des Jahres 1885.

Zu diesem Zeitpunkt eilte Tesla bereits der Ruf des fleißigen Arbeiters und Erfinders voraus. Nachdem er von zwei Investoren angesprochen worden war – B.A. Vail und Robert Lane – gründeten sie im März 1885 gemeinsam die ›Tesla Electric Light and Manufacturing Company‹. Tesla wollte vor allem sein Wechselstromsystem entwickeln, Vail und Lane interessierten sich für bessere Bogenlampen zur Beleuchtung von Straßen und Fabriken. Abermals verdrängte Tesla sein Wechselstromsystem und begann mit der Verbesserung von Bogenlampen.

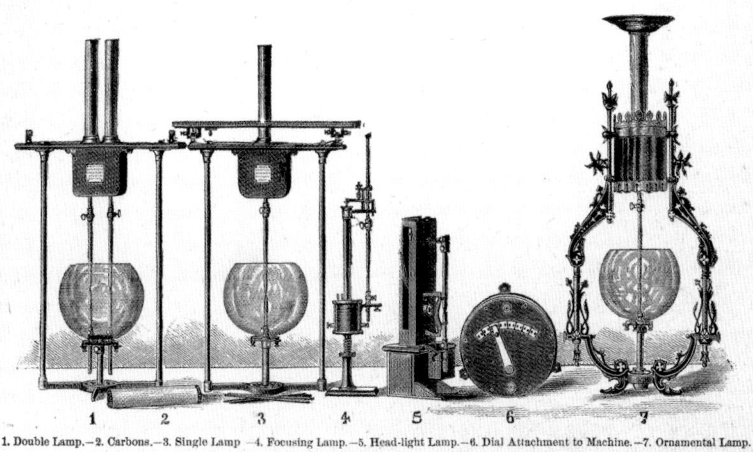

1. Double Lamp.—2. Carbons.—3. Single Lamp —4. Focusing Lamp.—5. Head-light Lamp.—6. Dial Attachment to Machine.—7. Ornamental Lamp.

Die Technik für Bogenlampen unterscheidet sich grundlegend von der Gleichstrom- und Wechselstromtechnik. Über eine kleine Lücke zwischen zwei Kohlestiften wird Strom geführt (heute bestehen die Stifte aus Wolfram).[13] Der Strom erregt ein Gas (z.B. Neon, Argon, Xenon oder Quecksilber), das daraufhin zu leuchten beginnt. Die übliche Leuchtstofflampe ist eine Art Quecksilberdampf-Niederdrucklampe, die heute meist speziellen Anwendungen vorbehalten ist, so etwa die Xenon-Gasentladungslampe in den IMAX-Projektionssystemen.[14]

Oben: Teslas »Ei des Kolumbus« – ein Kupferei in einem sich drehenden Magnetfeld

I'VE GOT TO EARN SOMETHING TO LIVE.

Zu jener Zeit wurden Fabriken und städtische Gebäude hauptsächlich mit derartigen Bogenlampen beleuchtet. Innerhalb des ersten Jahres nach der Unternehmensgründung ließ Tesla eine verbesserte Bogenlampe ohne lästiges »Flackern oder Gezische« patentieren.[15]

Voller Freude wollte er sich nun in die Arbeit an seinem Wechselstromsystem stürzen, musste aber entsetzt feststellen, dass seine Teilhaber nicht daran interessiert waren. Mit »dem härtesten Schlag, den [er] je abbekam«, wurde er aus seinem eigenen Unternehmen vertrieben, mit nichts weiter als »einem schön gestalteten Anteilsschein hypothetischen Wertes« in seinem Besitz. Er war erneut betrogen worden.[16]

Das nächste Jahr war einer der Tiefpunkte in Teslas Leben. Von Frühling 1886 bis Winter 1887 arbeitete er als Tagelöhner und kämpfte mit anderen arbeitslosen Männern verzweifelt um jeden Gelegenheitsjob. »Es war ein Jahr furchtbaren Kummers und bitterer Tränen,« klagte er, »und die Armut verstärkte [sein] Leiden«.[17] Um Essen auf den Tisch zu bekommen, verdingte sich Tesla sogar als Grabenbauer für zwei US-Dollar am Tag. Er ärgerte sich über seine vergeudete Bildung und Erfahrung, schimpfte niedergeschlagen, dass »[seine] Bildung in Wissenschaft, Mechanik und Literatur [ihm] wie ein Hohn erschien«.[18]

Oben: Teslas Experiment zum »Ei des Kolumbus«, so zu sehen auf der Weltausstellung 1893

Schließlich konnte er den Vorarbeiter seines Arbeitstrupps beeindrucken; dieser war fasziniert von Teslas Geschichten über die Revolutionierung der Stromerzeugung durch Wechselstrom. Tesla wurde dem prominenten Ingenieur Albert Brown und dem angesehenen Anwalt Charles Peck vorgestellt. Anders als der Vorarbeiter war Peck vom Wechselstrom nicht beeindruckt, bis man ihm Teslas Ei des Kolumbus vorführte. Das »Ei« bezieht sich auf eine Legende, nach der Christoph Kolumbus seinen Mittagsgästen erzählte, er könne ein Ei auf seine Spitze stellen. Nachdem die Versuche aller Anwesenden fehlgeschlagen waren, schlug Kolumbus die Schale an einem Ende einfach etwas an und stellte so das Ei aufrecht. Tesla goss ein Ei aus Eisen und Messing und legte es dann beim nächsten Treffen mit Brown und Peck mit der Seite in die Mitte einer runden Plattform, unter der eine Drehstromschaltung installiert war. Nach Zuschaltung des Stroms begann sich das Ei zu drehen und erreichte schließlich eine Geschwindigkeit, bei der es sich wie ein Kreisel auf seine Spitze stellte. Mit Hilfe dieses einfachen Experiments konnte Tesla die beiden mit den Prinzipien seines sich drehenden Magnetfeldes beeindrucken.[19]

296 SCIENTIFIC AMERICAN September 30,

The top half of casings is removed, showing two rotors. Each rotor consists of 25 disks ¾-inch thick by 18 inch diameter. The steam enters at the periphery, and flows in spiral paths to exhaust at the center disks. The driving turbine is to the left, the brake turbine to the right. Between them is a torsion spring. The steam inlets are on opposite sides on the two rotors; the driving rotor moving clockwise. The torsion of the spring is automatically shown by beams of light and mirrors and the horse-power is read off a scale. At 9,000 revolutions per minute, with 125 pounds at the throttle and free exhaust, this turbine develops 200 horse-power. It weighs two pounds per horse-power.

The Tesla turbine testing plant at the Edison Waterside Station, New York.

The Tesla Steam Turbine

The Rotary Heat Motor Reduced to Its Simplest Terms

output of 200 horse-power from a single-s
turbine with atmospheric exhaust, weighin

L'ÉLECT

6. Expériences de Tesla avec son transformateur p

RICITÉ.

duisant la lumière au moyen de l'électricité (1895).

Bald darauf gründeten Peck, Brown und Tesla gemeinsam die ›Tesla Electric Company‹ und meldeten im Frühjahr 1887 das erste von vielen Patenten an. Tesla war begeistert. Er hatte endlich eine sichere Finanzierung und ein neues, gut ausgestattetes Labor in der Liberty Street 89. Es war der Beginn seiner produktivsten und erfindungsreichsten Zeit. In den nächsten fünfzehn Jahren sollte er den Grundstein für beinahe alle seine wichtigen Erfindungen legen.[20]

Meistens arbeitete Tesla allein oder mit seinem alten Freund Anton Szigeti, der ihm inzwischen nach New York gefolgt war, und er entwickelte nicht nur ein einphasiges Wechselstromsystem, sondern auch ein zwei- und ein dreiphasiges.[21] Zunächst baute er seine neuen Motoren mit rotierenden magnetischen Feldern aus dem Gedächtnis – angefangen mit seiner ersten Eingebung im Park in Budapest. »Die Motoren, die ich baute, entsprachen genau meiner Vorstellung«, sagte er. »Ich veränderte den Entwurf nicht, sondern reproduzierte nur die Bilder aus meiner Vision, und das Gerät lief stets so, wie ich es erwartet hatte.«[22] Laut Tesla beruhte das Prinzip, nach dem sein Asynchronmotor arbeitete, auf einem rotierenden Magnetfeld. Seine Maschine produzierte »eine Art magnetischen Wirbel, der den drehbaren Teil erfasst und umherwirbelt – [seinem] Professor zufolge völlig unmöglich«.[23]

Oben: In Teslas Labor durchfährt Hochspannung Mark Twains Körper und beleuchtet Teslas Lampen.
Vorige Seite: Undatierte Sammelkarte; Tesla beim Vorführen eines Experiments

Teslas Ausdauer und Produktivität waren phänomenal: »In Windeseile entwarf er seine Maschinen.«[24] Um von der wissenschaftlichen Gemeinschaft akzeptiert zu werden, übergab Tesla kurz nach der Eröffnung seines Labors einen seiner zweiphasigen Motoren an Professor William Anthony von der Cornell University. Nach einigen Tests verkündete Anthony, dass »er ebenso effizient arbeitet wie die besten Gleichstrommotoren«, die bereits in Gebrauch waren.[25] Tesla war auf der Erfolgsspur.

Rasch wollte sich Tesla sein Wechselstromsystem patentieren lassen. Das Patentamt bestand jedoch auf eine Gliederung in einzelne Komponenten.[26] Am Ende bestand das System aus sieben einzelnen Erfindungen und beinhaltete »[seine] ein- und zweiphasigen Motoren, sein Verteilersystem und die mehrphasigen Transformatoren.«[27] 1888 wurden ihm fünf weitere Patente über verschiedene Varianten des Dreiphasensystems erteilt. Im nächsten Jahr folgten achtzehn weitere.

Diese Hektik hatte positive und negative Folgen. Eine negative war, dass Teslas unmenschliches Arbeitspensum, ohne dabei eine Pause einzu-

Eines Tages besuchte Mark Twain das Labor, und Tesla beschloss, gemeinsam ein wenig Spaß zu haben. Er bat Twain auf ein kleines Podest und ließ es dann mit seinem Oszillator vibrieren. Twain war von den sanften Schwingungen, die seinen Körper durchliefen, beeindruckt. Er rief: »Das verleiht Kraft und Vitalität!« Etwas später warnte Tesla, er solle jetzt besser heruntersteigen oder die Konsequenzen tragen. »Auf keinen Fall«, beharrte Twain, »es macht mir Spaß.« Ein paar weitere Minuten lobte er das wundervolle Gefühl, als er plötzlich verstummte. Er schaute Tesla flehend an und schrie: »Schnell, Tesla! Wo ist sie?« Tesla antwortete ruhig: »Gleich da drüben«. Beschämt über seinen Zustand rannte Twain zur Toilette. Tesla lächelte; die abführende Wirkung der Vibrationen war ihm und den kichernden Angestellten des Labors wohlbekannt.[34]

legen, seine Mitmenschen ängstigte. Oft arbeitete er so lange, bis er zusammenbrach.[28] Durch seine Leistungsfähigkeit und seine Innovationen erlangte Tesla aber auch ein hohes Ansehen und einen außergewöhnlichen Ruf. Er stand kurz vor einem neuen Lebensabschnitt, gekennzeichnet von Ruhm, Reichtum und gesellschaftlichem Aufstieg.

Thomas Commerford Martin, ehemaliger Seminarist, Angestellter Edisons und Herausgeber der Fachzeitschrift *Electrical World*, überredete Tesla, einen Artikel für seine Zeitschrift zu verfassen und seine Arbeit dann vor der AIEE zu präsentieren. Am 15. Mai 1888 sollte Tesla seinen ersten großen Vortrag über »Ein neues System aus Wechselstrommotoren und Transformatoren« halten.[29] O'Neill gewährt uns einen Einblick in die bedeutende Rolle dieses Vortrags:

»Dieser Vortrag wurde zum Klassiker im Elektroingenieurwesen. Tesla präsentierte darin die Theorie und die praktische Nutzung von Wechselstrom bei der Stromversorgung von Maschinen. Mit seinen Patenten bildete dies die Grundlage für die Stromkreise, Maschinen und Einrichtungen sowie die Theorie, auf der fast die gesamte Elektrik des Landes aufbaut und die bis heute noch immer funktioniert. Gegenwärtig gibt es im Elektroingenieurwesen keine neue Entdeckung, die in ihrer Größenordnung auch nur ansatzweise vergleichbar wäre.«[30]

Nach diesem Vortrag wurde Martin so etwas wie Teslas Publizist. 1893 veröffentlichte er *Die Erfindungen, Forschungen und Schriften von Nikola Tesla*, ein 500-seitiges Werk, das Publikationen und Vorträge »des größten lebenden Elektrotechnikers«[31] vereinte. Er stellte Tesla auch Robert Underwood Johnson, dem einflussreichen Herausgeber des *Century Magazine*, und seiner hübschen Frau Katharine vor. Robert und Katharine waren vom charismatischen Tesla angetan, dessen europäische Intellektualität und Talent für das Rezitieren von Poesie aus dem Gedächtnis ihn zum idealen Partygast machten. Es war buchstäblich der Beginn einer wunderbaren Freundschaft[32], und Tesla war

Gast bei vielen Dinnerpartys im eleganten Stadthaus der Johnsons in der Lexington Avenue. Zu den »vielen berühmten und beschwingten Koryphäen« im Haus der Johnsons gehörten der Schriftsteller Samuel Langhorne Clemens (besser bekannt als Mark Twain), der Naturforscher John Muir und viele Musiker, Schauspieler und Schauspielerinnen, die die Bühnen New Yorks regelmäßig mit ihrer Anwesenheit beehrten.[33] Tesla erheiterte die Gäste mit Dichtung und Erzählungen von seinen Erfindungen, und gewöhnlich endete der Abend damit, dass Mark Twain, Rudyard Kipling, Anton Dvořák oder andere Gäste Tesla in sein Labor folgten, um den elektrischen Zauber mit eigenen Augen zu bestaunen.

Tesla genoss diese Zeit. Er war ein »Liebling der Gesellschaft und gefragter Gast, der durch Manhattans glanzvollste Häuser, Separees und Nobelrestaurants zog«. Er selbst veranstaltete »in den Privaträumen des ›Delmonico's‹ reizende Dinnerpartys«.[35] Oft traf er sich mit berühmten Freunden im ›Players‹, einem exklusiven Club, der von dem Shakespeare-Schauspieler Edwin Booth gegründet worden war – dem älteren Bruder des berüchtigten John Wilkes Booth, der einst Abraham Lincoln ermordet hatte. Tesla genoss den Ruhm, und die Öffentlichkeit war gespannt auf neue Erfindungen. Nach einem weiteren Vortrag Teslas über »Hochfrequenzphänomene« 1891 und einem Artikel

Oben: Robert Underwood Johnson, einer von Teslas besten Freunden

des Journalisten Joseph Wetzler in der Zeitschrift *Harpers Weekly*[36] folgte 1894 Thomas Commerford Martins Porträt Teslas im *Century Magazine:*

»Mr. Tesla galt als Visionär, der sich von kurzlebigen Shootingstars verleiten ließ; seine Standesgenossen gelangen aber immer mehr zu der Überzeugung, dass sein Weitblick ihn als Ersten die schwach schimmernden Lichter auf den neuen Kontinenten der Wissenschaft erkennen ließ.«[37]

So wurde Tesla zu dem Mann, »der das 20. Jahrhundert erfand«[38], aber er war nicht gut darin, seine Erfindungen zu Geld zu machen. Er hielt es für angebracht, ein eigenes Unternehmen aufzubauen, um die neuen Dynamos, Motoren und Transformatoren herzustellen. Aber so ein Unternehmen »würde ihn von seiner ursprünglichen experimentellen Arbeit ablenken, die ihn so faszinierte, und die er nicht unterbrechen wollte«.[39] Tesla sah »die Vermarktung seiner Erfindungen […] als Problem, das vertagt werden kann«.[40] Diese Konzentration auf Experimente und Erfindungen sowie das Ignorieren von deren Vermarktung ist ein maßgeblicher Grund, warum sich Tesla von seinen Geschäftspartnern oft betrogen fühlte – und auch der Grund für seine Armut im Alter.

Ganz gleich wie man über Teslas erfinderisches Genie denkt, er hätte wahrscheinlich nie Geld verdient, hätte er nicht George Westinghouse an seiner Seite gehabt. So wie Edison war auch Westinghouse ein versierter Erfinder und Geschäftsmann, als Tesla nach New York kam. Westinghouse war wenige Monate älter als Edison und zehn Jahre älter als Tesla. Bekanntheit und Vermögen erlangte er mit der Erfindung einer neuen Druckluftbremse, die in Zügen zum Standard wurde, sowie mit der Erfindung vieler elektrischer Geräte. So wie Edison wusste auch Westinghouse, wie er seine eigenen Erfindungen vermarkten konnte. Während Edison jedoch die Ideen anderer oft verachtete, erkannte Westinghouse schnell den Wert der Erfindungen anderer Erfinder. So erfuhr er auch zum ersten Mal von Tesla.

Gegenüber: George Westinghouse, ca. 1900–1914

Während Edison sich auf das Gleichstromsystem festgelegt hatte, das die von ihm erfundenen Glühbirnen verwendete, war Westinghouse offen für die Idee des Wechselstroms. Er hatte bereits die Rechte an den Wechselstrompatenten des französisch-englischen Teams um Gaulard und Gibbs erworben. Aber ihr System »wies noch ernsthafte Probleme auf«.[41] Zwei Jahre vor Teslas Vortrag im Jahr 1888 hatte Westinghouse bereits ein Unternehmen zur Entwicklung »von Apparaten für die Produktion, Übertragung und Nutzung von Wechselstrom« gegründet«.[42] Einen Monat nach dem Vortrag kontaktierte Westinghouse Tesla, um eine mögliche Lizenzvergabe seiner Patente zu diskutieren.

Westinghouse war bereits weit gekommen: William Stanley und Oliver Shallenberger arbeiteten hart an der Entwicklung der benötigten

Dynamos. Er war aber »absolut davon überzeugt, dass Teslas Erfindungen die fehlenden Komponenten für sein [Wechselstrom-]System liefern würden«.[43] Nach zähem Feilschen mit Brown und Peck, Teslas Partnern und Investoren, willigte Westinghouse ein, 20 000 US-Dollar in bar und 50 000 Dollar in Form von Westinghouse-Aktien zu zahlen, plus 2,50 Dollar Lizenzgebühr pro Pferdestärke jedes Tesla-Motors, mit mindestens 5000 Dollar Lizenzgebühr im ersten, 10 000 Dollar im zweiten und 15 000 Dollar im dritten Jahr.[44] Westinghouse fand den »zu zahlenden Preis recht hoch«, aber »wenn es die einzig praktikable Methode ist, einen Motor mit Wechselstrom zu betreiben«, dann sei es den Preis wert. Außerdem ließen sich die Kosten auf die Nutzer abwälzen.[45]

Aber mit dem Kauf des Tesla-Systems war es nicht getan. Teslas Motor war noch immer auf den Betrieb bei sechzig Hertz (sechzig Oszillationen pro Sekunde) ausgelegt, wogegen das System von Westinghouse 133 Hertz benötigte. Also ging Tesla nach Pittsburgh, um dort zusammen mit den Angestellten von Westinghouse zu versuchen, seinen Motor an die neuen Anforderungen anzupassen. Dieser Versuch scheiterte jedoch. Später war es Westinghouse, der sein System anpasste – die sechzig Hertz sind auch heute noch Standard. Nach einem Jahr Arbeit in Pittsburgh kehrt Tesla frustriert nach New York zurück und verbrachte einige Zeit in Europa; er hielt dort Vorträge und besuchte seine Familie. Schließlich bezog er ein neues Labor in der South Fifth Avenue 33–35 (heute West Broadway). Die Anpassung des Motors war zwar (vorerst) gescheitert, aber die Beziehung mit Westinghouse stand kurz vor einem großen Schritt nach vorn, der sie zum einen in den Kampf gegen Edison und dessen Gleichstrom führen und ihnen zum anderen eine Vorführung der Vorteile des Wechselstroms ermöglichen sollte. Westinghouse und Tesla nahmen 1893 an der Weltausstellung teil.

Die Weltausstellung in Chicago

Über mehrere Jahre hatten die Veranstalter eine erstaunliche Weltausstellung am Seeufer Chicagos geplant. Im Mittelpunkt stand die Elektrifizierung des Hauptstandorts mit tausenden von Glühbirnen, die bei Nacht funkelten. Die im englischen Sprachgebrauch übliche

Bezeichnung *Columbian Exposition* rührt daher, dass diese Messe feierlich an den vierhundertsten Jahrestag der Entdeckung Amerikas durch Christoph Kolumbus erinnerte, auch wenn sie wegen der Präsidentschaftswahlen im Jahr 1892 bewusst um ein Jahr verschoben wurde.[46]

Der Wettstreit um die Ausrichtung des Vorzeigeprojekts – 92 000 im Freien befindliche Glühlampen für die sechsmonatige Beleuchtung des Hauptgeländes – war hitzig.[47] Charles Coffin, Mitbegründer der ›General Electric Company‹ (entstanden nach der Fusion von ›Edison Electric‹ und der ›Thomson-Houston Electric Company‹), versuchte einen Vorteil aus seinem vermeintlichen Monopol zu ziehen, wurde aber von den Organisatoren abgewiesen. Nach einem Wettstreit zwischen Edisons Gleichstromsystem und Teslas Wechselstromsystem, das von Westinghouse angeboten wurde, erhielt letzterer den Zuschlag.

Der Vertrag stellte sich als wirklich lukrativ heraus, wenn auch nicht so sehr wegen des Verkaufspreises, da sich die Kontrahenten gegenseitig so weit unterboten hatten, dass die Veranstalter ein wahres Schnäppchen machten. Vielmehr sollte es ein wunderbares Vorzeigeprojekt für Teslas Wechselstromsystem sein, dessen Erfolg den Beginn einer einträglichen Zukunft für Westinghouse und Tesla bedeuten würde. Bei der Columbian Exposition fand »der erste öffentliche Einsatz von Teslas mehrphasigem Wechselstromsystem« statt.[48] Aus Enttäuschung über den nicht erhaltenen Beleuchtungsauftrag verweigerte Edison Westinghouse die Lizenz zur Herstellung von Edisons patentiertem Glühbirnendesign, dem damaligen Industriestandard. Daraufhin mussten sich Westinghouse und seine Ingenieure mit der Herstellung von 250 000 modifizierten »Stopperbirnen« nach Sawyer und Man sputen – ein minderwertiger, aber ausreichender Ersatz.[49]

Auf fast drei Quadratkilometern Messegelände zeigten etwa 60 000 Aussteller ihre Waren, und die Ausstellung zählte mehr als siebenundzwanzig Millionen Besucher, von denen jeder fünfzig US-Cent Eintritt zahlte.[50] Der Standort wurde weitgehend von Daniel Burnham und Frederick Law Olmstead entworfen, von denen der Letztgenannte bereits den Central Park in New York geplant hatte und später auch das Reservat bei den Niagarafällen gestalten sollte. Unter den Exponaten

Gegenüber: Das Gelände der Weltausstellung in Chicago
Nächste Doppelseite: Das Elektrizitätsgebäude auf der Weltausstellung

DEPARTMENT OF ELECTRICITY
FRANKLIN

SCIENTIFIC AMERICAN

[Entered at the Post Office of New York, N. Y., as Second Class matter.

A WEEKLY JOURNAL OF PRACTICAL INFORMATION, ART, SCIENCE, MECHANICS, CHEMISTRY, AND MANUFACTURES.

Vol. LXXIV.—No. 4. ESTABLISHED 1845. | NEW YORK, JANUARY 25, 1896 | [$3.00 A YEAR. WEEKLY.

THE POWER CANAL AND BUILDINGS.

INTERIOR OF THE CABLE BRIDGE.

OILING AND COOLING PIPES. THE DYNAMOS. THE FRICTION BRAKE.

THE NIAGARA FALLS POWER PLANT.—[See page 55.]

im Bau kleiner Kanäle, um Mühlen und eine Gerberei mit Wasserkraft zu versorgen. Viele erkannten aber die Möglichkeit, die mächtige Kraft der Wasserfälle zur Stromerzeugung einzusetzen. Edward Dean Adams, ehemals Vorstandsmitglied in Edisons Unternehmen, wurde dazu auserkoren, die neu gegründete ›Cataract Construction Company‹ zu leiten und zu bestimmen, wie sich mit Hilfe der Wasserfälle am besten Strom generieren ließe, der später verteilt werden könne. Trotz Thomas Edisons Beteuerungen, er könne den Strom bis nach Buffalo weiterleiten, ließen sich mit Gleichstrom nur die Maschinen in den örtlichen Mühlen betreiben und einige Dorfstraßen beleuchten. Für die großflächige Stromübertragung war dieses System viel zu beschränkt.[55]

Teslas Wechselstromsystem war die Lösung, obwohl man das bei der ›Cataract Construction Company‹ nicht sofort erkannte. Zunächst machte sich Adams auf den Weg nach Europa, wo man an der Verwendung von Wechselstrom zur Beleuchtung und zur Stromerzeugung arbeitete. Schließlich organisierte die ›Cataract Construction Company‹ eine Art Wettkampf mit Barpreisen von insgesamt 20 000 US-Dollar für den besten Plan zur Nutzung der Wasserfälle.[56] Einige Teilnehmer beanspruchten die Rechte auf verschiedene Teile des Wechselstromsystems, und es gab Intrigen, Gegenforderungen und ein beachtliches Maß an industriellem Ideendiebstahl. Aber am Ende errangen Teslas Patente den Sieg. Die ›Westinghouse Company‹ wurde auserwählt, das Kraftwerk und das Wechselstromsystem zu stellen, während die ›General Electric Company‹ mit dem Bau der Fernleitungen beauftragt wurde.

Mit einem Dutzend Tesla-Patente stellte Westinghouse das Kraftwerk 1895 fertig. Ein gewaltiger mehrphasiger Generator war in der Lage, bislang nie erreichte 15 000 PS zu generieren. Innerhalb des nächsten Jahres stellte ›General Electric‹ das Übertragungs- und Verteilernetz fertig und lieferte ausreichend Elektrizität für die Energieversorgung des produzierenden Gewerbes »im Gebiet der Niagarafälle und Buffalos«.[57] Westinghouse erweiterte die Anlage um weitere sieben Generatoreinheiten und erhöhte damit die Energieleistung auf 50 000 PS. Teslas patentiertes Wechselstromsystem sollte das Leben der Menschen verändern; das Niagaraprojekt zeigte den Investoren, dass Energie über große Entfernungen hinweg transportiert werden kann.

BUT MISFORTUNE STRUCK. ON THE
ALL MY EXPERIMENTS, ALL MY RECORDS! THEY'LL BE BURNED!

NIGHT OF MARCH 13, 1895...

Die Katastrophe tritt ein

Die Nachricht war gewaltig und bittersüß für Nikola Tesla. Am 13. März 1895, als die mit seiner Technologie ausgestatteten Generatoren an den Niagarafällen kurz vor der Inbetriebnahme standen, brannte Teslas Labor an der South Fifth Avenue bis auf die Grundmauern nieder, mit der gesamten Ausrüstung, seinen Experimenten, Notizbüchern und Träumen. Das Timing war denkbar schlecht – er stand kurz vor der »ersten Vorführung eines kabellosen Übertragungssystems« (Rundfunk). Und diese Katastrophe sollte zu einem weiteren Konflikt führen.[58]

Unten: Mark Twain und Joseph Jefferson in Teslas Labor an der South Fifth Avenue in New York, 1894

TESLA LABORATORY
LONG ISLAND N.Y.

(No Model.) 4 Sheets—Sheet 3.

N. TESLA.

ELECTRO MAGNETIC MOTOR.

No. 381,968. Patented May 1, 1888.

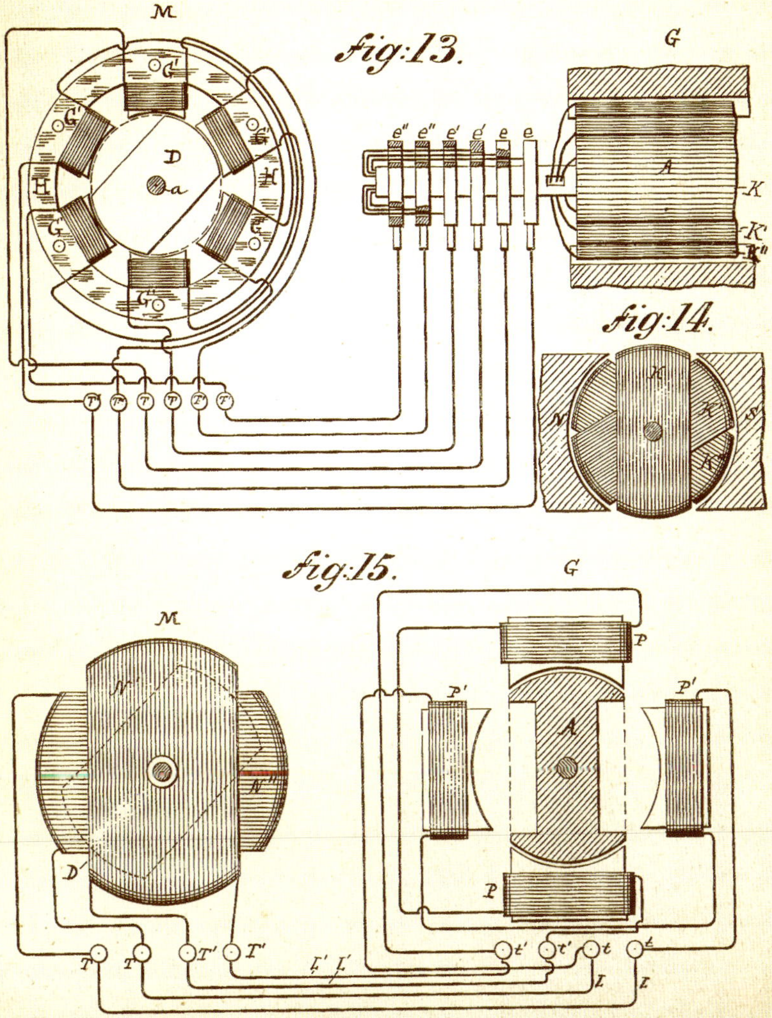

WITNESSES:
Frank E. Hartley.
Frank B. Murphy.

INVENTOR
Nikola Tesla.
BY
Duncan, Curtis & Page
ATTORNEYS

KAPITEL

AMPERE

5

EIN MANN IM KRIEG

In der jungen Stromindustrie des späten 19. Jahrhunderts führte kein Weg an Thomas Edison vorbei. Er hatte sich mit seinen Erfindungen und den Weiterentwicklungen der Erfindungen anderer schnell einen Namen gemacht. Mit mehr als eintausend US-Patenten und weiteren Patenten außerhalb der USA wurde Edison einer der erfolgreichsten Erfinder der Geschichte.[1] Sein Forschungslabor am Menlo Park war das erste seiner Art – eine Fabrik für Erfindungen. Wenn man bedenkt, dass Teams aus Wissenschaftlern und Elektrikern für ihn arbeiteten, war es keine Überraschung, dass er hunderte bedeutender Erfindungen hervorbrachte, darunter den Börsenticker, das Grammophon und den Vorläufer des Filmprojektors.

Doch vor allem hatte Edison mit der Erzeugung von Gleichstrom, der Stromverteilung und elektrischer Beleuchtung ein Vermögen angehäuft. Wie viele andere hatte Tesla während seiner Anstellung bei Edison versucht, ihn für den Wechselstrom zu begeistern, aber Edison war nicht interessiert. Mit dem Gefühl, verspottet und betrogen worden zu sein, hatte Tesla gekündigt. Als er später mit Edisons Erzrivalen George Westinghouse zusammenarbeitete und Edison bei der Weltausstellung in Chicago und den Niagarafällen die Aufträge wegschnappte, war Edison außer sich vor Wut. Der »Krieg der Ströme« hatte begonnen.

Krieg der Ströme

Auch wenn Edison die Glühlampe nicht »erfunden« hatte – in fast siebzig Jahren hatte sie verschiedene Entwicklungen erfahren –, war er es, der den langlebigen Glühfaden perfektionierte und damit die Glühbirne in der Industrie und den Haushalten salonfähig machte. Noch wichtiger war Edisons Pionierarbeit bei der Vermarktung des Gleichstroms zur Übertragung elektrischer Energie. Er war gegen den Ausbau von Wechselstromsystemen, was zum einen an seinem mühevoll aufgebauten Wohlstand lag; zum anderen war er davon überzeugt, dass der Gleichstrom sicherer sei. Doch selbst Edison waren die Einschränkungen seines Systems klar: Aufgrund der kurzen Übertragungswege musste etwa alle zwei Kilometer ein Kraftwerk errichtet werden.

Unterdessen hatten Westinghouse' Ingenieure im Frühjahr 1888 ein Messgerät entwickelt, das ein entscheidendes Problem der Vermarktung eines konkurrierenden Wechselstromsystems löste. Der Strom konnte damit effizienter an den Verbraucher verkauft werden, aber es löste nicht das Hauptproblem der Umwandlung von Wechselstrom in Leistung. Doch nur zwei Monate später erhielt Tesla fünf Patente für seinen Wechselstrommotor. Bevor Westinghouse' Maschinen und Teslas Wechselstrommotor aufeinander abgestimmt waren, war noch einiges

Oben: Teslas Wechselstrommotor
Gegenüber: Thomas Edison, 1925

an Entwicklungsarbeit nötig, aber der Motor war entscheidend für den Wandel von Gleich- zu Wechselstrom.[2] Tesla hatte auch einen Generator erfunden, der Wechselstrom in Starkstrom umwandeln konnte und so die Übertragung über große Entfernungen erleichterte.

Etwa zur gleichen Zeit erfand der englische Ingenieur Charles Parson eine Dampfturbine, »die viel effizienter Strom erzeugen konnte als die traditionellen kolbenbetriebenen Dampfmaschinen«.[3] Gemeinsam schufen diese bahnbrechenden und sich ergänzenden Erfindungen die Voraussetzungen für eine höhere Effizienz bei der Stromerzeugung und für die Möglichkeit der Übertragung über große Entfernungen, was mit Edisons Gleichstromsystem nicht erreicht werden konnte.

Edisons Reaktion auf die Erfolge von Westinghouse und Tesla erfolgte prompt. Er druckte Flugblätter und schickte sie an Reporter und Versorger, die den Kauf von Geräten seiner Rivalen erwogen. Auf den Flugblättern wurden Westinghouse und andere Konkurrenten Edisons der Verletzung seiner Patentrechte beschuldigt; er warnte sie, dass jeder, der bei der Konkurrenz kauft, nach einem Prozess zu den Patentrechtsverletzungen seinen Zulieferer verlieren werde.[4] Edison sprach auch von den Gefahren des Wechselstroms bei Hochspannung im Vergleich zur Sicherheit seines Gleichstroms mit Niedrigspannung.

Die Befürworter des Wechselstroms widersprachen Edison und wandten ein, dass dieser völlig sicher sei. Oft kam es in Elektrikerverbänden wie dem AIEE, wo Tesla bereits einige Vorträge gehalten hatte, zu heftigen Debatten. Die Zeitschrift *Electrician* berichtete, es ginge »nicht mehr um das Abwägen von Pro und Kontra in freundlicher Beratung«, sondern um »einen Kampf mit Zähnen und Krallen«.[5]

In dieser Schlacht ging es meist um trockene Wissenschaft, und sie wurde in den Fachzeitschriften und auf wissenschaftlichen Tagungen ausgetragen. So wie die Fans frisierter Autos über die Motorleistung diskutieren, argumentierten die Elektriker über Effizienz, Zuverlässigkeit und Einsatzvielfalt beider Systeme.[6] Die breite Öffentlichkeit bekam davon nur wenig mit. Was jedoch ins Auge fiel, waren die gelegentlichen Todesfälle durch Stromschläge. In Städten wie New York, wo hunderte elektrischer Kabel von einem Dutzend Versorger kreuz und quer verliefen, sorgte man sich, dass die Zahl der Unfälle steigen könnte.[7]

Edison empfand den Wettstreit als persönlichen Affront und schlug mit Bestimmtheit und Arroganz zurück. Sein ehemaliger Angestellter und sein Erzrivale propagierten etwas, das er für sehr gefährlich hielt. Gefährlich, weil eine höhere Spannung im Spiel war, aber auch weil es seinem Geschäftsmodell, das gänzlich auf Gleichstrom beruhte, Schaden zufügte. Deshalb stellte Edison sicher, dass die Öffentlichkeit und die Entscheidungsträger bei Beleuchtungsprojekten über die möglichen Gefahren des Wechselstroms aufgeklärt wurden. Sein Ziel war letztlich, aus Sicherheitsgründen ein staatliches Verbot für den Gebrauch von Wechselstrom zu erwirken, um sein Gleichstromsystem ohne Behinderung durch seine Konkurrenten ausbauen zu können.

Unfalltod durch Stromschlag

Einige grässliche Todesfälle durch Stromschläge, die innerhalb kurzer Zeit aufgetreten waren, bekräftigten Edisons Position. Ein Fall handelt vom einem Elektrotechniker namens John Feeks. Im späten 19. Jahrhundert herrschte in den Straßen von New York City ein Wirrwarr aus hunderten offenliegender Stromkabel. Diese verliefen von Masten, die wie Bäume aussahen, deren Äste gleichmäßig in Reihen angeordnet waren. Feeks und andere bestiegen die Masten und durchtrennten die alten Kabel, um sie durch neue zu ersetzen. Doch manchmal war ein totes Kabel noch sehr lebendig. Am 11. Oktober 1889 berührte Feeks versehentlich eine stromführende Leitung, die ihm nicht nur einen Stoß Starkstrom versetzte, sondern ihn auch von seiner Sitzstange warf und ihn in das darunter befindliche ›Spinnennetz‹ aus geladenen Kabeln stürzen ließ. Länger als fünfundvierzig Minuten zappelte er darin. Die Fußgänger auf der Straße darunter waren vom Anblick der Blitze, die aus Feeks' Mund, Nase, Händen und Füßen austraten, entsetzt. Eine so grauenhafte Szene stärkte Edisons Position, dass der Wechselstrom in der Anwendung zu gefährlich war, während der Gleichstrom, auf dem sein eigenes System beruhte, sicher war.[8]

Aber ein paar Unfälle sollten nicht ausreichen, um die Öffentlichkeit davon zu überzeugen, dass die Anwendung von Wechselstrom komplett verboten werden müsse. Dafür waren weitaus mehr Tote nötig.

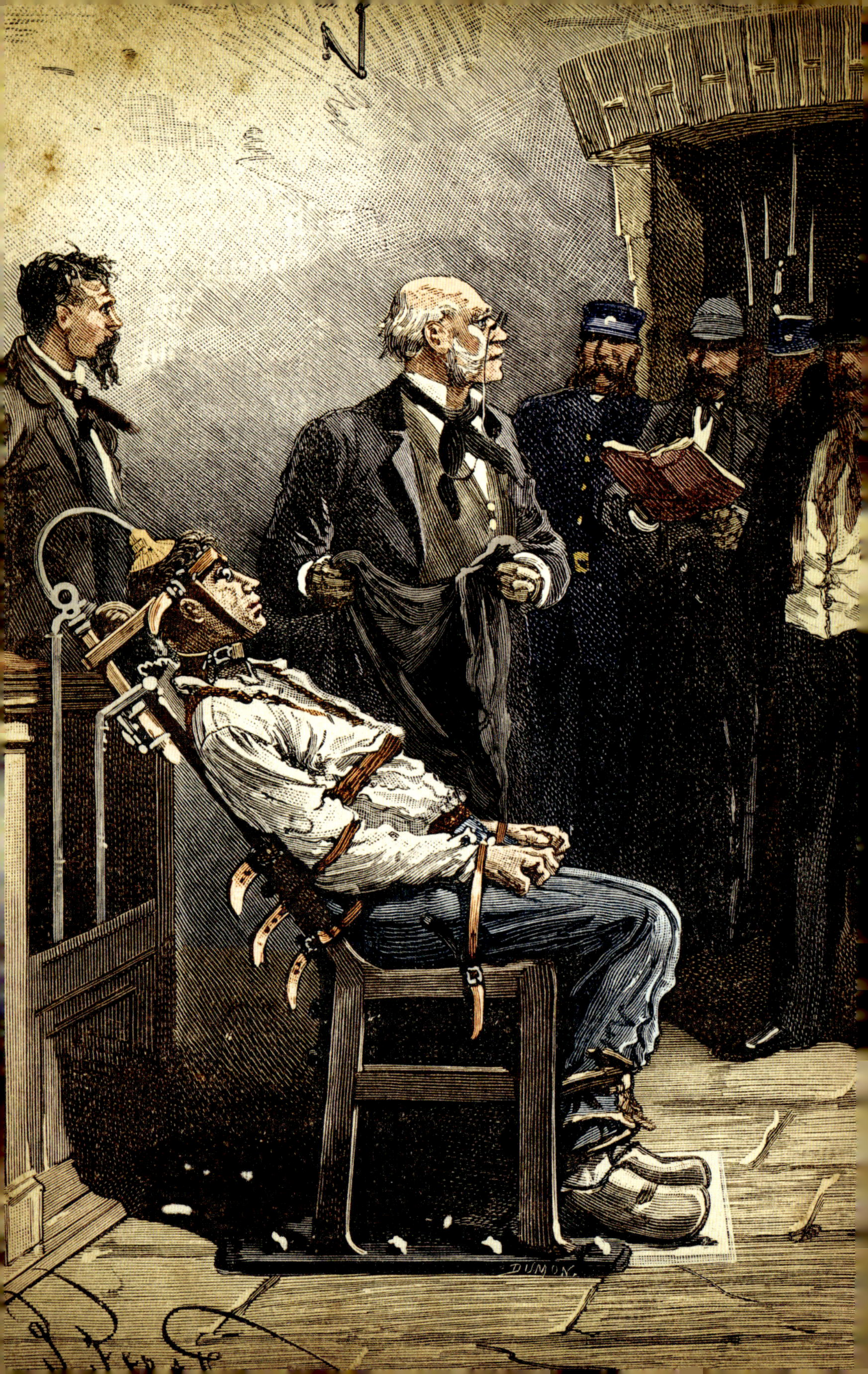

Vorsätzlicher Tod durch Stromschlag

Der opportunistische Edison erfuhr Hilfe durch Harold Pitney Brown, einen Elektriker mit zehn Jahren Erfahrung und dem Hang zur Hinterhältigkeit. 1885 hatte sich der Gouverneur von New York David B. Hill in einer Rede geäußert, dass die »gegenwärtige Art der Hinrichtung von Kriminellen durch den Strang aus dem Mittelalter stammt«.[9] Er suchte nach einer Alternative. Edison hatte sich aktiv dafür eingesetzt, die gängigen Exekutionsmethoden (Morphium oder Erhängen) durch Elektrizität zu ersetzen und schlug dafür aufgrund der Hochspannung in den Kabeln die Verwendung von Wechselstrom vor.

Alfred Porter Southwick war Zahnarzt und Verfechter der Todesstrafe für Schwerverbrecher. Als Southwick von Gouverneur Hills Wunsch erfuhr, den Beweggrund für den Widerspruch gegen die Todesstrafe – d.h. die pure Grausamkeit bei der Ausführung – zu beseitigen, wartete er mit einer Lösung auf. Er hatte seit Jahren streunende Hunde eingefangen und sie durch Stromschläge getötet – er wusste also, dass es funktionierten würde. Southwick nutzte seine politischen Beziehungen, um eine Kommission zur Bewertung humanerer Alternativen ins Leben zu rufen; er wurde dann zu einem ihrer drei Mitglieder ernannt. Nach umfassender Recherche und vielen toten Streunern steckte die Kommission, die von Anfang an die Elektrizität als Antwort verkünden sollte, überraschend in einer Sackgasse. Ein Mitglied, Elbridge Gerry, ein hoch angesehener Vertreter der oberen Zehntausend, der auch der *American Society for the Prevention of Cruelty to Animals*[10] als Rechtsberater angehörte, neigte zur Morphiuminjektion als humanste Methode.

Thomas Edison schrieb ihm einen Brief. Allein der Ruf Edisons genügte, um Gerry zu überzeugen. Später sagte er: »Nach seiner Stellungnahme hatte ich keinen Zweifel.«[11] Die Kommission gab die Empfehlung, ein Gesetz wurde verabschiedet, und am 4. Juni 1888 trat das Gesetz durch die Unterschrift von Gouverneur Hill in Kraft.

Einen Tag später veröffentlichte Harold Pitney Brown in der *New York Evening Post* einen Brief, in dem er ein Verbot oberirdischer Wechselstrom-Hochspannungsleitungen verlangte. Er verkündete, dass der »verwerfliche« Wechselstrom lebensgefährlich sei.[12] »Die Menschen

Gegenüber: William Kemmler, der am 6. August 1890 als erster auf den elektrischen Stuhl kam.

sind der ständigen Todesgefahr ausgesetzt«, schrieb Brown, »nur damit ein Unternehmen eine etwas höhere Dividende zahlen kann.«

Die Befürworter des Wechselstroms, darunter George Westinghouse, argumentierten, dass der scheinbar unabhängige Brown eigentlich mit Thomas Edison unter einer Decke stecke; eine Anschuldigung, die Brown bestritt. Als immer mehr Fragen aufkamen, welcher Strom gefährlicher sei, behauptete Brown, dass er »Mr. Thos. A. Edison, den [er] zuvor noch nie getroffen hatte«, dazu befragte, und zu seiner Überraschung »lud [ihn] Mr. Edison sogleich dazu ein, die Experimente in seinem privaten Labor durchzuführen«.[13] Sowohl Westinghouse als auch der örtlichen Presse erschien dies verdächtig. Die *New York Sun* berichtete über Brown und fand heraus, dass er sowohl von der ›Edison Company‹ als auch der ›Thomson-Houston Company‹ bezahlt wurde, um den Ruf ihres gemeinsamen Rivalen Westinghouse zu schädigen.[14]

Brown zahlte den Jungen in der Nachbarschaft fünfundzwanzig Cent für jeden »streunenden« Hund, den er dann ordnungsgemäß durch Stromschläge tötete. Nach einiger Zeit hatte Edison die Gesetzgeber des Staates New York fast davon überzeugt, dass der Wechselstrom für den Einsatz in der Öffentlichkeit viel zu gefährlich sei. Später inszenierte Edison sogar die Tötung von Topsy, einem Elefantenweibchen aus dem Luna Park auf Coney Island. Durch dessen Temperament waren in drei Jahren drei Wärter umgekommen. Die brutale Hinrichtung durch Stromschläge wurde gefilmt und zeigte, wie tödlich der Wechselstrom selbst für ein Tier, das größer als ein Mensch ist, sein konnte.[15]

Edison bezeichnete das Hinrichten der Tiere als »Westinghousen«, weil dabei die von Westinghouse vertretene und von Tesla erfundene Technologie zum Einsatz kam.[16] Derselbe Ausdruck wurde später für die erste Exekution eines Menschen durch Stromschlag verwendet.[17] Am 6. August 1890 kam es im Bundesstaat New York zur ersten Hinrichtung mit dem elektrischen Stuhl, der für Wechselstrom ausgelegt war. Ein gewisser William Kemmler hatte seine flirtlustige Ehefrau mit der Axt erschlagen und dann ruhig seinen Sohn gebeten, die örtliche Polizei zu rufen. Er wurde vor Gericht gestellt, für schuldig befunden und zum Tode verurteilt. Edison hatte das Gremium davon überzeugt,

Vorherige Seite: Ein Oszillator löst starke elektrische Explosionen aus.

dass Kemmlers Tod wegen der unglaublich hohen Wechselstromspannung schmerzfrei sei.

Die Exekution verlief jedoch nicht reibungslos. Kemmler erhielt in dem neu entworfenen Stuhl siebzehn Sekunden lang einen ersten Spannungsstoß von mehr als eintausend Volt. Der anwesende Arzt erklärte ihn für tot. Plötzlich hob sich Kemmlers Brust und aus seinem schäumenden Mund krächzte es dumpf. Dann stieß er einen animalischen Schrei aus und sein Körper verfiel in heftige Zuckungen. Die Aufseher waren krampfhaft bemüht, die Elektroden wieder mit Schädel und Körper zu verbinden; dann schalteten sie den Generator auf volle Leistung. Um sicherzugehen, dass keine Wiederholung notwendig sei, wurde Kemmlers Körper weitere zwei Minuten den Stromstößen ausgesetzt, und »der strenge Geruch von verbranntem Fleisch erfüllte den Raum«.[18]

Trotz dieser grauenvollen Vorkommnisse und Edisons Versuchen, den Wechselstrom öffentlich in Verruf zu bringen, ging der von Westinghouse vermarktete und auf Teslas Patenten beruhende Wechselstrom eindeutig als Gewinner aus dem ›Krieg der Ströme‹ hervor. Fast die gesamte Erzeugung und Verteilung von Strom für Industrie und Haushalte erfolgte bald nicht mehr mit Gleichstrom sondern mit Wechselstrom. Bis zu seinem Tod 1931, im Alter von vierundachtzig Jahren, machte Edison hunderte neuer Erfindungen und Verbesserungen, aber den ›Krieg der Ströme‹ hatten George Westinghouse und Nikola Tesla gewonnen.

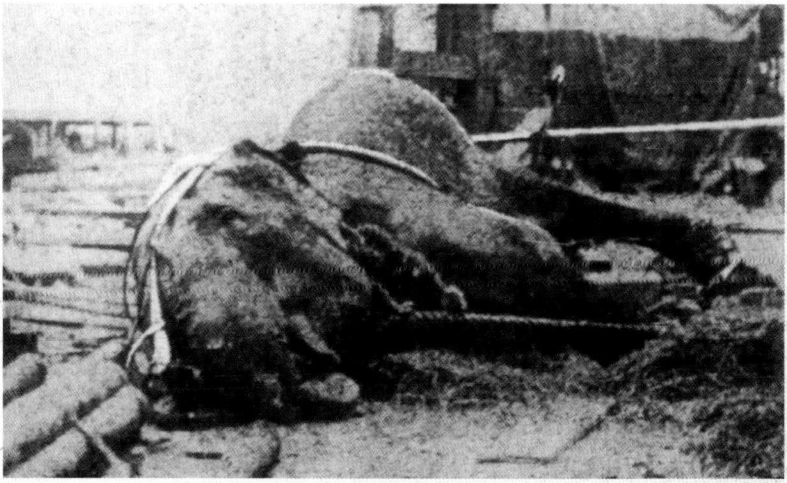

Oben: Topsy, der Elefant, der 1903 von T. Edison im Luna Park durch Stromschläge getötet wurde.

Der Krieg um das Radio

»Mr. Marconi ist ein Esel.«[19]

Diese für den sonst so höflichen Tesla untypische Derbheit zeigt seine Gefühle gegenüber Guglielmo Marconi sehr deutlich. Der Grund für Teslas Missachtung lag darin, dass der italienische Erfinder für die kabellose Telegrafie – also das Radio – berühmt geworden ist, weil er Ideen und Apparate dafür größtenteils von Tesla übernommen hatte.

Die tatsächlichen Umstände der Erfindung des Radios sind, wie bei den meisten Erfindungen, viel komplexer. Bereits 1891 hatte Tesla mit seiner Forschung zum Thema »Funk« begonnen. Ein Jahr später behauptete er bei Vorträgen in London und Paris erstmals, dass Nachrichten kabellos übertragen werden könnten.[20] In den folgenden Jahren erforschte er die kabellose Übertragung elektromagnetischer Energie und baute angeblich den ersten Funksender.[21] 1893 demonstrierte er seine Ideen zur kabellosen Kommunikation bei seinem Vortrag »Über das Licht und andere Hochfrequenzerscheinungen« in St. Louis und sprach auch vor dem ›Franklin Institute‹ und dem Nationalen Verband für elektrisches Licht in Philadelphia. Gewiss flossen auch die Erkenntnisse vieler anderer in die Entwicklung der Rundfunktechnik ein. Aber Tesla steuerte einige der fundamentalen Prinzipien und Patente bei, und seine Forschungsarbeiten wurden überregional veröffentlicht.[22]

1895 brannte sein Labor in der South Fifth Avenue aus, und seine gesamte Arbeit wurde vernichtet. Während des Neuaufbaus wurde das Radio, zumindest für Tesla, zur Nebensache. Zudem war Tesla von anderen Projekten abgelenkt, und er ging nach Colorado, um weiter an den Grundlagen der kabellosen Energieübertragung zu forschen. Marconi arbeitete unterdessen an der Entwicklung der drahtlosen Kommunikation. Der Italiener hatte Teslas Arbeit gelesen und modifizierte

Gegenüber: Guglielmo Marconi

nun ältere Apparate, um Sender und Empfänger zu erschaffen. Ende 1895 hatte Marconi Radiosignale über etwa eineinhalb Kilometer hinweg übertragen, ein großer Erfolg. Im Folgejahr ging er mit seinem Gerät an die Öffentlichkeit. Manch Kundigen verblüffte die Ähnlichkeit zu Teslas Apparaten, Vorführungen und Patenten; Marconi aber bestritt dies. Ein Jahr später erhielt Marconi das britische Patent auf ein Funkübertragungs- und Empfangssystem.[23] Marconi hatte das Radio erfunden.

Anfangs hatte Tesla nicht viel gegen Marconis offensichtliche Enteignung einzuwenden. Aber die Feindseligkeit wurde immer deutlicher. Tesla führte im Madison Square Garden ferngesteuerte Boote vor, arbeitete in Colorado Springs und später in Wardenclyffe, seinem Labor für kabellose Übertragung auf Long Island, an der kabellosen Telegrafie, aber diese Anstrengungen wurden durch Marconis »erfolgreiche« Übermittlung des Buchstaben »S« (im Morsecode) von Poldhu in Cornwall an Signal Hill bei St. John's in Neufundland überschattet.[24]

Schlimmer noch: 1909 wurde Marconi der Nobelpreis in Physik verliehen – für die Erfindung des Radios. 1915 hatte Tesla genug und reichte gegen Marconi Klage wegen Patentrechtsverletzung ein. Tesla strebte nach einer gerichtlichen Verfügung gegen Marconis Behauptung, das

Oben: Diese Bordsendeanlage der US-Marine wurde mit sechs Tesla-Patenten hergestellt.
Gegenüber: Werbeplakat für Teslas Radio

RADIO

Radio erfunden zu haben. Bedauerlicherweise wurde die Klage abgewiesen und Marconis Werk galt weiterhin als Vorläufer der Erfindung.

Die Ironie des Schicksals mag sich drei Jahrzehnte später eröffnen. Weil Marconi den Verdacht hatte, dass die US-Bundesregierung gegen seine Radio-Patente verstieß, verklagte er sie. Der Fall erreichte das Oberste Bundesgericht, das nach gebührender Beratung sein Urteil fällte. Die Richter entschieden nicht nur, dass die Bundesregierung Marconis Patente nicht verletzte, sondern auch, dass Marconi tatsächlich die Patente Teslas verletzt hatte. Das ursprüngliche Tesla-Patent (Nr. 645576) wurde als Vorgänger wieder eingesetzt – Tesla, und nicht Marconi, hatte das Radio erfunden. Leider erging das Gerichtsurteil einige Monate, nachdem Tesla mittellos entschlafen war.

Der Krieg ums Geld

Der Kampf um die Vormachtstellung des Wechselstroms oder die Rechte an der Erfindung des Radios war für Tesla nicht der einzige. Weitaus tiefer verwurzelt war der Krieg um das Geld, den Tesla sein ganzes Leben lang führte und meist verlor.

Schon früh fühlte sich Tesla von seinen Arbeitgebern geprellt: zuerst von Edisons Partnern in Paris, dann von Edison selbst in New York.

Tesla fühlte sich auch von seinen Investoren betrogen, als er die ›Tesla Electric Light and Manufacturing Company‹ aufbaute. Auch wenn er nicht das Gefühl hatte, ausgenutzt zu werden, bemühte er sich, die benötigten Gelder für seine Forschung aufzutreiben. Und diese Forschung war teuer. Im späten 19. Jahrhundert gab es keine staatlichen Zuschüsse für die Grundlagenforschung. Die Finanzierung stammte zum Großteil von privaten Investoren wie etwa J. Piermont Morgan und John Jacob Astor; beide investierten in Edisons Arbeiten und auch in die von Westinghouse und Tesla. Morgans Haus wurde als erstes mit Edisons Gleichstrom beleuchtet.

Das Geld war stets knapp, und häufig bat Tesla um größere finanzielle Mittel. Grund dafür waren nicht nur seine teure und mitunter spekulative Forschung an der Elektrizität. Tesla war auch jemand, der gern auf großem Fuß lebte, auch wenn seine Finanzen einen sparsameren Lebensstil erwarten ließen. Tesla speiste im gehobenen Restaurant ›Delmonico's‹ – gewöhnlich allein, aber manchmal auch mit anderen berühmten Stammgästen wie Mark Twain und Robert Underwood Johnson. Das ›Delmonico's‹ wurde auch von Persönlichkeiten wie Jenny Lind, Theodore Roosevelt, Diamond Jim Brady, Charles Dickens, Oscar Wilde und sogar Napoleon III. von Frankreich beehrt. Das Essen war wunderbar, aber es war nicht billig.[25]

Tesla trug auch Handschuhe aus Ziegenleder, in Europa hergestellte Schuhe mit Gamaschen und anderweitige vornehme, maßgeschneiderte Kleidung, von der er aufgrund seiner Keimphobie vieles nach nur ein oder zwei Wochen entsorgte. Er lebte in teuren Hotels und aß meist

Oben: John Jacob Astor IV., 1909

in den Hotel-Restaurants. Durch die exorbitanten Ausgaben erhöhten sich seine Lebenshaltungskosten auf ein Niveau weit jenseits dessen, was sich ein Laborinhaber mit mehreren Angestellten leisten konnte.

Eine finanzielle Entscheidung sollte er später, besonders im Alter, bereuen. Sein Vertrag mit George Westinghouse definierte einen lukrativen Kaufpreis für das Patent und eine Lizenzgebühr für jede produzierte Pferdestärke. Die schwierige Finanzlage in den späten 1890ern hatte für ihn und Westinghouse Folgen; Westinghouse bat Tesla darum, gegen den Aufkauf einiger seiner Patente auf die Lizenzgebühr zu verzichten. Da er meinte, seine Patente würden die Welt verändern, und weil er nicht besonders gut mit Geld umgehen konnte, willigte er ein. So verlor er bis zu seinem Tod wahrscheinlich viele Millionen Dollar.[26]

Irgendwann stellten seine Gönner ihre Unterstützung ein und Tesla stand vor dem finanziellen Ruin. Aus Dank für all die jahrelange Förderung verteidigte Tesla J.P. Morgan paradoxerweise sogar, als andere den wohlhabenden Kapitalgeber beschuldigten, er habe die Finanzierung eingestellt, weil Teslas Ideen vom kabellosen elektrischen Strom für Morgan nicht profitabel erschienen. In seiner Autobiografie hielt Tesla in Bezug auf Morgan fest, dass »er sich an seine großzügigen Versprechungen wortgetreu hielt, und es wäre höchst unangemessen, mehr von ihm zu erwarten«. Es war nicht Morgans mangelndes Vertrauen in die Fähigkeiten Teslas, das zur Einstellung der Forschung in Wardenclyffe führte. Vielmehr wurde »[sein] Projekt durch die Naturgesetze verzögert. Die Welt war noch nicht bereit. Es war der Zeit zu weit voraus. Aber am Ende werden die Gesetze obsiegen und zum Triumph führen.«[27]

Gegenüber: J. Pierpont Morgan, 1902

Am Ende ging Tesla pleite. Von der jugoslawischen Regierung erhielt er ein kleines Stipendium, das seine grundlegenden Lebenshaltungskosten deckte; und die ›Westinghouse Company‹ übernahm in seinem letzten Lebensjahrzehnt die Rechnung für sein Apartment in dem New Yorker Hotel, in dem er ein spärliches Dasein fristete.

Aber dazu später. Vorerst war Wardenclyffe noch eine Vision in Teslas Kopf. Er war im Begriff, eine Reise anzutreten, auf der er die kabellose Kommunikation und die Energieübertragung ins Leben rufen würde.

Unten: Abbildung von Teslas Oszillator im *Century Magazine*, 1895

TESLA LABORATORY

LONG ISLAND N.Y.

No. 645,576.

Patented Mar. 20, 1900.

N. TESLA.

SYSTEM OF TRANSMISSION OF ELECTRICAL ENERGY.

(Application filed Sept. 2, 1897.)

(No Model.)

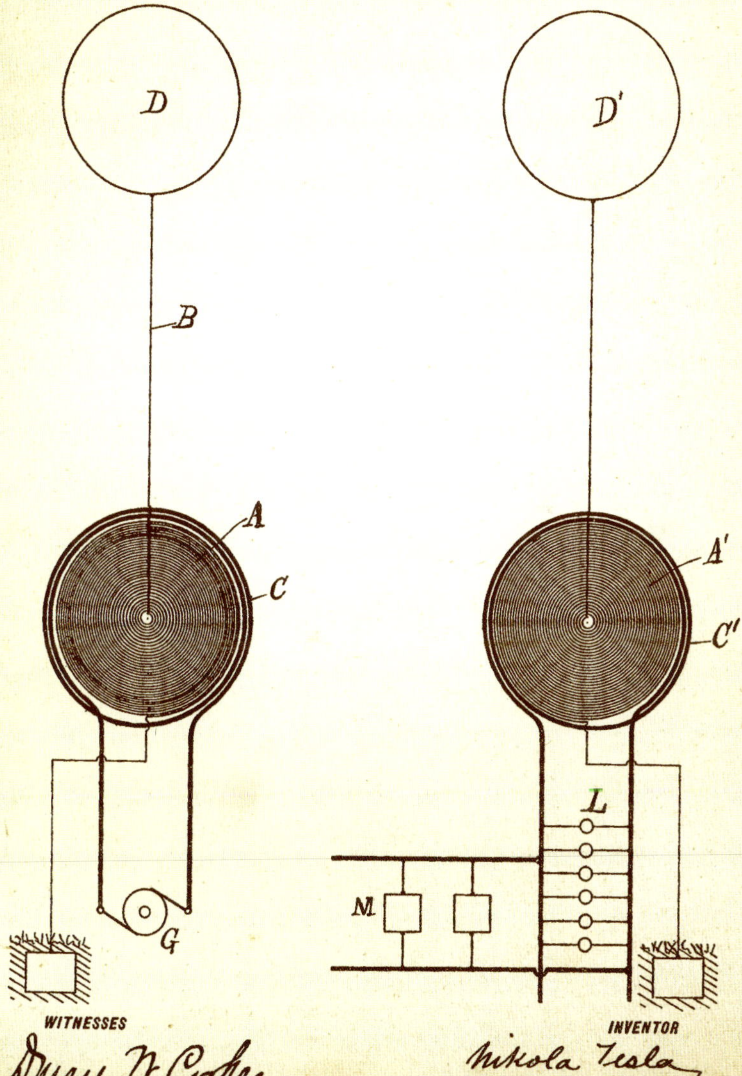

WITNESSES

Drury W. Cooper

M. Lawson Dyer

INVENTOR

Nikola Tesla

BY

Kerr, Curtis & Page

ATTORNEYS.

KAPITEL
AMPERE
6

VON KABELLOS BIS WARDEN-CLYFFE

Nachdem Tesla von seinem Beraterjob bei Westinghouse in Pittsburgh zurückgekehrt war und die Arbeit in seinem neuen Labor in New York City wieder aufgenommen hatte, »erlebte er einen der bedeutendsten Momente« in seinem Leben – die erste Vorführung von kabellosem Licht.[1] »Es war im November 1890, als ich im Labor ein Experiment durchführte, das zu den spektakulärsten in der Geschichte der Wissenschaft gehörte«, entsann sich Tesla.[2] Nach seiner Überzeugung ließe sich ein hochfrequentes elektrisches Feld mit ausreichender Intensität erzeugen, um damit Vakuumröhren zum Leuchten zu bringen. Er baute einen Transformator, um seine Theorie zu prüfen.

Eines Nachts nahm Tesla in der Mitte des Labors Position ein, ohne Kontakt zu seiner getesteten Maschine. Mit beiden Händen ergriff er je eine lange Glasröhre und wies seine Assistenten an, den Schalter umzulegen. Fast wie im ›Krieg der Sterne‹ verwandelten sich die Röhren augenblicklich in »hell strahlende Feuerschwerter«.[3]

Laut Tesla bekamen seine Assistenten Angst vor »einem so neuen und wundervollen Schauspiel«. Sie dachten, er wäre ein Magier oder Hypnotiseur. Aber durch Teslas Entdeckungen war die kabellose Lichtquelle Wirklichkeit geworden.[4]

Seine Laborangestellten und einige Verbände hochnäsiger Elektroingenieure zu beeindrucken reichte aber bei Weitem nicht aus, um die Rechnungen zu bezahlen. Tesla musste an die Öffentlichkeit gehen. Die erste öffentliche Vorführung seiner kabellosen Lichtquelle erfolgte auf der Weltausstellung 1893 in Chicago. Tesla gab den Entertainer und erleuchtete eine Gasentladungslampe mit hochfrequentem Wechselstrom. Wie zuvor im Labor hielt Tesla die Lampenkolben in seinen Händen, und sie erglühten prächtig – alles ohne Verbindungskabel zu den Transformatoren.[5] Die wunderbaren Vorführungen riefen »viel Verwunderung und Verblüffung« hervor.[6]

Später widmete sich Tesla nicht nur der kabellosen Übertragung von elektrischem Licht, sondern auch der von Energie. 1921 sagte er voraus, dass »Energie ohne Kabel übertragen werden kann, und in naher Zukunft auch werden wird, und zwar für alle gewerblichen Zwecke, wie der Beleuchtung von Haushalten und dem Antrieb von Flugzeugen«.[7] Tesla begriff auch, dass »es nur noch kommerziell erschlossen werden muss« – etwas, das nicht zu seinen Stärken gehörte.

> »Ich bin fest davon überzeugt, dass es möglich ist, und ich hoffe, wir werden dann noch leben, um es zu sehen.«
>
> – Tesla, Vortrag vor dem Nationalen Verband für elektrisches Licht, Philadelphia, 1893

Tesla glaubte, dass er die kabellose Energieübertragung so gut im Griff habe, dass er behauptete, er sei bereit für eine kabellose Übertragung von 100 000 Pferdestärken mit nur geringen Energieverlusten. Er nahm an, dass dies möglich sei, »egal ob die Entfernung eine Meile oder zehntausend Meilen beträgt; und die Energie kann oben in der Luft, unterirdisch oder auf dem Erdboden gesammelt werden«.[8] Die Umsetzung dieser Idee sollte jedoch nicht einfach werden.

Gegenüber: Tesla hält eine gasgefüllte, phosphorbeschichtete, kabellose Glühbirne, die er in den 1890ern entwickelt hatte – ein halbes Jahrhundert bevor Fluoreszenzlampen zur Anwendung kamen.

Sarony
5th AVE
N.Y.

Bei der Suche nach der passenden Technologie erprobte Tesla verschiedene Konfigurationen des Spulen-Transformators. Anfangs arbeitete er mit sphärischen und kegelförmigen Transformatoren. Eine kegelförmige Spule erreichte 100 Millionen Volt – die Spannung eines Blitzstrahls, wie er annahm.[9] Mit größeren Geräten ließen sich höhere Werte erzielen, aber Tesla hatte instinktiv das Gefühl, diese auch mit fachgerecht gebauten kleineren Transformatoren erreichen zu können. Er entschied sich für eine flache, spiralförmige Spule und erreichte mit ihr ebenfalls 100 Millionen Volt – »den Grenzwert ohne Unfallgefahr.«[10]

Auch bei seinen Funk-Experimenten machte Tesla Fortschritte. In »Die Kunst der drahtlosen Fernlenkung« berichtet Tesla von einem ferngesteuerten Modellboot, das er bereits im *Century Magazine* beschrieben und 1898 im Madison Square Garden vorgeführt hatte.[11] Um die Funktechnik zur Fernsteuerung von Schiffen und Raketen zu demonstrieren, hatte Tesla in der Mitte der Arena ein großes Becken aufgestellt, in das

er »ein etwa 1 Meter langes mit Eisen verkleidetes Modellboot in Form einer Arche setzte«.[12] Das Publikum, meist Teilnehmer der ersten jährlichen Elektrizitätsmesse, sollte Fragen stellen, und der Roboter würde mit Fahrmanövern antworten: durch eine Links- oder Rechtskurve

Gegenüber: Der elegante Mr. Tesla
Nachfolgend: Das Astor-Haus

3

oder Umkehr der Fahrtrichtung. Tesla schreibt: »Damals hielt man das für Magie, aber es war extrem einfach, weil ich es war, der die Antworten gab.«[13] 1919 wiederholte er die Übung mit einem weiterentwickelten und größeren ferngesteuerten Boot. Während Tesla dies als »die ersten und recht plumpen Schritte in der Entwicklung der drahtlosen Fernlenkung« würdigte, war es der Beginn der modernen Robotik. Vergleicht man Teslas Entwürfe mit den ferngesteuerten Drohnen, die bei militärischen Operationen und der Terrorabwehr zum Einsatz kommen, wird deutlich, wie sehr er seiner Zeit voraus war.

Seine Leistungen waren erstaunlich, aber bald sollte er feststellen, dass der benötigten Raum und die Sicherheitsvorkehrungen in seinem New Yorker Labor zu beschränkt waren. Auf Einladung von Leonard Curtis und mit 30 000 US-Dollar von John Jacob Astor (Besitzer des Waldorf-Astoria-Hotels) in Aussicht brach Tesla nach Colorado auf.[14]

Oben: Teile von Teslas elektrischem Oszillator

Colorado Springs

Fernab der Straßen Manhattans bot Colorado Springs Platz und Abgeschiedenheit. Mehr als eineinhalb Kilometer über dem Meeresspiegel gelegen, war es auch eine der Regionen mit den meisten Blitzeinschlägen in den USA. Durch das Versprechen von unbegrenzt kostenlosem Strom aus dem neu gebauten Wechselstromkraftwerk war die Stadt für Tesla die logische Wahl zur Fortsetzung seiner Forschung an drahtloser Übertragung. Während seines Aufenthalts in Colorado, von Juni 1899 bis Januar 1900, machte Tesla umfangreiche Notizen und Zeichnungen, mit denen er seine vielen Experimente protokollierte.[15] Einige Wissenschaftler brüten heute noch immer über diesen Aufzeichnungen und suchen nach weiteren versteckten Wundern.

In Colorado führte er genaue Untersuchungen zu den häufigen Blitzschlägen in der Gegend durch und nutzte dieses Wissen beim Bau seiner Apparate. Er konnte sogar einen Blitzeinschlag vorhersagen, der sein Labor noch vor der Fertigstellung fast zerstört hätte. Als er »eine schwere Wolke über Pikes Peak« bemerkte und Zeuge eines Blitzschlags in etwa fünfzehn Kilometer Entfernung wurde, errechnete er schnell, dass die Schockwelle sein Labor in 48,5 Sekunden erreichen würde.

Oben: Tesla führt in seinem Büro einen elektrischen Apparat vor, 1916.

GREAT SCIENTIFIC DISCOVERY *Impends*
—*Nikola Tesla*

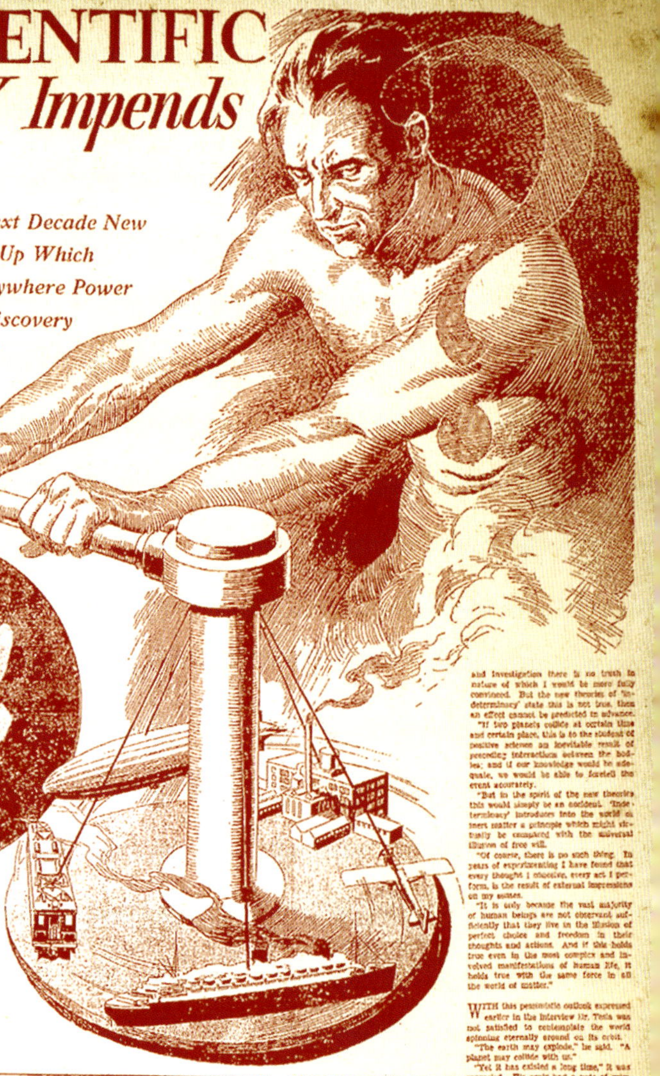

"I Positively Expect That Within the Next Decade New Sources of Energy Will Be Opened Up Which Will Put at the Disposal of Mankind Everywhere Power in Unlimited Amounts—I Have Made a Discovery Which I Expect to Announce Soon"

By Harry Goldberg

NIKOLA TESLA, the noted inventor, is preparing to make public within the near future the announcement of a discovery which will make available to the world new sources of energy.

As this discovery will make it possible to tap inexhaustible streams of power at any point on the globe, great changes will follow in social life. Government will become a sort of officious policeman, busybody and benevolent tyrant which will convert the human race into a society like the bees.

What this noted scientist has found is not a form of atomic energy, which he declares to be a fantastic hope, but it is a "universal truth" of such a nature that probably it cannot even be patented. To quote his exact words:

"I positively expect that within the next *decade* new sources of energy will be opened up which will put at the disposal of mankind everywhere power in unlimited amounts.

"In this connection I have made a discovery which I expect to announce as soon as I have worked out the theory and design of apparatus for practical purposes.

"I want to be emphatic in my condemnation of the idea that atomic energy will ever be our source of power. This is an illusory idea against which I have preached for years. In my experiments with peculiar vacuum tubes operated under tensions of 12,000,000 volts atoms are shattered, but there is no liberation of energy observable such as would be expected according to modern theories. But, even if the latter were true, it still would take much more energy to disintegrate the atom than can be recovered by harnessing the liberated energy, however great it might be.

"What I am referring to is an entirely new principle which I have already experimentally demonstrated."

Nikola Tesla, the noted American scientist, who has announced that he expects to make known soon an important discovery that may revolutionize the power world

ASKED if his source of energy was electricity, sun power or some other force already known, Dr. Tesla shook his head negatively and refused to affirm any guess, indicating that he would choose a scientific forum from which to make the definite announcement when he was ready.

"Will revolutionary changes follow?"

"I don't believe they will. New ideas are adopted gradually. It is inevitable that those who are in the forefront of the advance will keep their places. Our life is now so regulated that no advance whatever could completely upset the existing order."

Then he went on to inveigh against the continued invasion of personal privacy by the authorities, the interference with personal liberty, the tendency to extend the powers of government to watch over our personal health, control birth and hamper the free action of individuals.

It used to be possible, he said, for inventors to move with absolute freedom, but the world is growing so complex that in experimenting with wireless, transmission of power, television or similar developments one must ask the Government for permission before undertaking to grapple with electrical forces.

"But if you are referring to sweeping changes in the social system, I believe they will take place in very rapid succession and will be great in so far as the limits of accomplishments of an individual are concerned.

"The technical advances are inevitably driving us toward the grossest kind of materialism. And it will not be very long before the social system of bee life will become universal.

"The individual will not be permitted to achieve great wealth and power; his privacy will be invaded in a thousand ways. He will be restricted in his efforts in every direction—will virtually disappear in the wave of collectivism which will sweep the world.

"This materialistic tide can only be stemmed by idealism, which is a force tending to free what we call the soul of man from physical fetters. But although there might be periods of alternating dominance of these two principles—materialism and idealism—ultimately the materialistic tendencies will become dominating."

"Isn't it possible that human wants and needs will be so easily satisfied through cheap power and increased production that we will turn the increased leisure to developing the arts and the soul?"

Dr. Tesla was pessimistic. "Is the human race any less materialistic than it was a thousand years ago?"

"What should be done with this increased leisure which will be available?"

"Too much leisure, and civilization will go to pot," he said emphatically. "Man was born to work, suffer and struggle, and if he doesn't he'll go under."

"Is life an accident?"

"No, life was inevitable."

"Only on this earth—or do you believe there is life elsewhere on the planets?"

"There must be life on other planets. The sun shines. The stars give out heat. Water collects on the surface. Chemical changes occur that we do not yet understand—and there is life."

Where the average mind gapes and stares at the marvels of science Dr. Tesla sees no cause for wonder. Radio, television, wireless telephone—these are merely the application of cause and effect as simple as one step after another. He pointed out that a skyscraper would be a wonder to a savage dwelling in the desert, while it is a commonplace to every one here.

"Speaking of technical achievements, however extraordinary," he said, "they may be only wonderful to those who have no knowledge of the mechanism or agents linking the effect to the cause.

"To be truly wonderful there must be about the manifestations observed an element of mystery which the human race has not yet fathomed.

"That inanimate matter should run into organic forms must be considered a wonder, because we have not yet ascertained why and how this is brought about."

"You mean, for instance, food being changed into tissue, so that life goes on?"

He nodded his head in the affirmative and continued: "The human being is one of the greatest mysteries of nature and consequently a wonder. And so is life in all its manifestations. But a time may come when all the subtle and involved processes that are part of our living existence will be laid bare and understood, and then the element of wonder will be removed."

ASKED to select his choice of the greatest modern and future wonders, the electrical wizard refused to accept the popular notion of what is wonderful. His reply led him into onslaught on the scientists who have abandoned "cause and effect" and also take the position that there are accidents in nature and that anything might happen.

"To the popular mind," he said, "any manifestation resulting from any cause will appear wonderful if there is no perceptible connection between cause and effect. For instance, through the means of wireless telephone speech is carried to opposite points of the globe. To the vast majority this must appear miraculous. To the expert who is familiar with the apparatus and sees it in his mind's eye the result is obvious. It is exactly as though visible means existed to which the impulse is transmitted.

"As I revolve in my mind the thoughts in answer to your question I find the most wonderful thing is the utter aberration of the scientific mind during the last twenty-five years. In that time the relativity theory, the electron theory, the quantum theory, the theory of radio-activity and others have been worked out and developed to an amazing degree. And yet probably not less than 90 per cent of what is thought today to be demonstrable scientific truth is nothing but unrealizable dreams.

"What is 'thought' in relativity, for example, is not science, but some kind of metaphysics based on abstract mathematical principles and conceptions which will be forever incomprehensible to beings like ourselves whose whole knowledge is derived from a three-dimensional world."

Men Are Like Bees

LEISURE—"Too much leisure, and civilization will go to pot. Man was born to work and suffer and struggle; if he doesn't, he will go under."

MATERIALISM—"Technical advances are inevitably driving us toward the grossest kind of materialism. Before long the social system of bee life will become universal."

LIFE OF PLANETS—"There must be life on other planets. The sun shines. The stars give out heat. Water collects on the surface. Chemical changes occur that we do not yet understand."

—*NIKOLA TESLA.*

THE idea of the atom being formed of electrons and protons which go whirling round each other like a miniature sun and planets is an invention of the imagination, he said, and has no relation to the real nature of matter.

Dr. Tesla said he could think of no results of great value which stem directly from these modern conceptions. "Virtually all progress," he declared, "has been achieved by physicists, discoverers and inventors; in short, devotees of the science which Newton and his disciples have been and are propounding.

"Personally, it is only efforts in this direction which have claimed my energies. Similar remarks might be made with respect to other modern developments of thought. Take, for example, the electron theory.

"Perhaps no other has given rise to so many erroneous ideas and chimerical hopes. Everybody speaks of electrons as something entirely definite and real. Still, the fact is that nobody has isolated it and nobody has measured its charge. Nor does anybody know what it really is.

"In order to explain the observed phenomena, atomic structures have been imagined, none of which can possibly exist. But the worst illusion to which modern thought has led is the idea of 'indeterminacy.' To make this clear, I may remark that heretofore we have in positive science assumed that every effect is the result of a preceding cause.

"As far as I am concerned, I can say that after years of concentrated thought and investigation there is no truth in nature of which I would be more fully convinced. But the new theories of 'indeterminacy' state this is not true, then an effect cannot be predicted in advance.

"If two planets collide at certain time and certain place, this is to the student of positive science an inevitable result of preceding interactions between the bodies; and if our knowledge would be adequate, we would be able to foretell the event accurately.

"But in the spirit of the new theories this would simply be an accident. 'Indeterminacy' introduces into the world of inert matter a principle which might virtually be compared with the universal illusion of free will.

"Of course, there is no such thing. In years of experimenting I have found that every thought I conceive, every act I perform, is the result of external impressions on my senses.

"It is only because the vast majority of human beings are not observant sufficiently that they live in the illusion of perfect choice and freedom in their thoughts and actions. And if this holds true even in the most complex and involved manifestations of human life, it holds true with the same force in all the world of matter."

WITH this pessimistic outlook expressed earlier in the interview Dr. Tesla was not satisfied to contemplate the world spinning eternally around on its orbit.

"The earth may explode," he said. "A planet may collide with us."

"Yet it has existed a long time," it was suggested. His reply had a note of grim humor, indicating that even a scientist who locks himself away from the world may know his homely aphorisms. "A pitcher may go too often to the well," he concluded.

Dr. Tesla, the American inventor, was born at Smiljan, Austrian Croatia, in 1857. He received his early education at Karlstadt, attended the polytechnic school, Graz, Croatia, and the University of Prague. He became interested in electricity and was first employed in the Austrian Government telegraph engineering department and later in Budapest and Paris. He was with the Edison Company in the United States for a time, but afterward established the Tesla Laboratory in New York City. Mr. Tesla was the first to conceive an effective method of utilizing alternating current. He invented the principle of the rotary magnetic field embodied in the apparatus used in the transmission of power from Niagara Falls, as well as many new forms of electrical apparatus.

Dr. Tesla has devoted a great deal of thought and study to the development of the airplane, and especially to a heavier-than-air machine that would ascend vertically. He also predicted a fuelless machine that would fly. Many give him credit for being the "father of radio." As far back as the early nineties he delivered a series of lectures in which he submitted drawings and plans that later gave ideas to men who brought into being the wireless sets that were used for telegraphic communication and then gathered musical programs and what not from the air.

In later years Dr. Tesla startled the scientific world when, while giving a lecture before the Institute of Electrical Engineers, he thrilled the audience by allowing 2,500,000 volts of electricity to pass into his body. Dr. Tesla in recent years has renounced all showmanship. He works quietly and in seclusion, allowing the lesser lights the privilege to roar in the traditional manner of the public lion.

»Mit genau dieser Verzögerung traf ein enormer Schlag das Gebäude, das dabei von seinem Fundament hätte gerissen werden können, wäre es nicht gut befestigt gewesen. Sämtliche Fenster auf einer Seite und eine Tür wurden zerstört, und auch im Inneren gab es große Schäden.«[16]

Tesla glaubte, man könne bei geeigneten Resonanzbedingungen elektrische Energie durch die Erde leiten, und »dadurch auf alle künstlichen Stromleiter verzichten.«[17] Dazu müsste die Erde aber ein elektrisch geladener Körper sein. Tesla »entdeckte schnell, dass die Erde mit einer extrem hohen Spannung geladen und mit einer Art Mechanismus zur Aufrechterhaltung ihrer Spannung ausgestattet ist.«[18]

»Es stellte sich heraus, dass die Erde durch elektrische Schwingungen buchstäblich unter Spannung stand.«[19]

Mit »einer Tatsache von überwältigender Wichtigkeit für den Fortschritt der Menschheit« bezog sich Tesla auf ein in regelmäßigen Intervallen wiederkehrendes Phänomen, das er für ›stehende Wellen‹ hielt. Später schrieb er: »Dieser Planet verhält sich trotz seines riesigen Umfangs wie ein Stromleiter mit begrenzten Dimensionen.« Die Bedeutung dieses Phänomens für die Energieübertragung war Tesla bereits klar geworden. »Es ließen sich nicht nur telegrafische Nachrichten ohne Kabel über jede Entfernung versenden, was ich längst erkannt habe, sondern auch die zarten Modulationen der menschlichen Stimme über den Erdball verteilen; und mehr noch – unbegrenzte Energiemengen wären über jede irdische Entfernung und fast ohne Verlust übermittelbar.« Er deutete an, dass es sogar möglich wäre, die Leistung mit zunehmender Entfernung von der Quelle zu erhöhen.[20]

Sein Hauptinteresse bei seinem Aufenthalt in Colorado galt jedenfalls seiner Arbeit an der kabellosen Übertragung, die durch den

Gegenüber: *Galveston Daily News*, 1932

Brand 1895 so unrühmlich beendet worden war. Um die Langstreckenübertragung von Radiosignalen zu verbessern, begann Tesla mit Experimenten zur kabellosen Telegrafie. Er sagte der örtlichen Presse, er würde vom nahegelegenen Pikes Peak bis nach Paris funken. Seine verbesserten Apparate ermöglichten es, »Ströme mit jeder gewünschten Spannung zu erzeugen«.[21] In einigen Experimenten ging er der Idee vom »Tuning« kabelloser Funksender nach, um auf bestimmte Signale zu antworten und auf andere nicht. Dies war entscheidend für die Entwicklung einer abhörsicheren Funktechnik – ein erhebliches Interesse im herannahenden »letzten aller Kriege« (dem Ersten Weltkrieg).[22]

Mit diesem Wissen und seinem Verstärker – einer riesigen Tesla-Spule – war Tesla bereit für große Experimente, die die Möglichkeiten seines kleinen Labors in New York City bei weitem überschritten. Sein langjähriger Assistent Kolman Czito traf alle Vorbereitungen. Eine zaunähnliche, im Kreis verlaufende Wand mit einem Durchmesser von knapp dreiundzwanzig Metern wurde wie eine »riesige Primärspule« mit Draht umwickelt. Im Inneren befand sich eine Sekundärspule mit »etwa drei Metern Durchmesser«, ebenfalls mit Draht umwickelt. Im Zentrum dieser Spule erhob sich ein etwa sechzig Meter hoher Mast durch eine Dachöffnung in den Himmel und trug an seiner Spitze eine Kupferkugel mit knapp einem Meter Durchmesser.[23]

Vom Türeingang aus beobachtete Tesla die Spule, als Czito den Apparat für genau eine Sekunde einschaltete. Elektrische Ladungen gleißten um die Sekundärspule und verschwanden nach Abschaltung des Geräts augenblicklich. Nach einer Wiederholung wies Tesla Czito an, den Apparat auf Kommando erneut ein- und erst auf Kommando wieder abzuschalten. Sobald Tesla die Kupferkugel an der Mastspitze beobachten konnte, sagte er:

»Czito, jetzt einschalten!«[24]

Gegenüber: Eine Drahtschlaufe unter Strom verdeutlicht das Phänomen der Impedanz.
Folgeseite: Atmosphärischer Stickstoff brennt bei zwölf Mio. Volt und zwanzig Meter hoher Flamme.

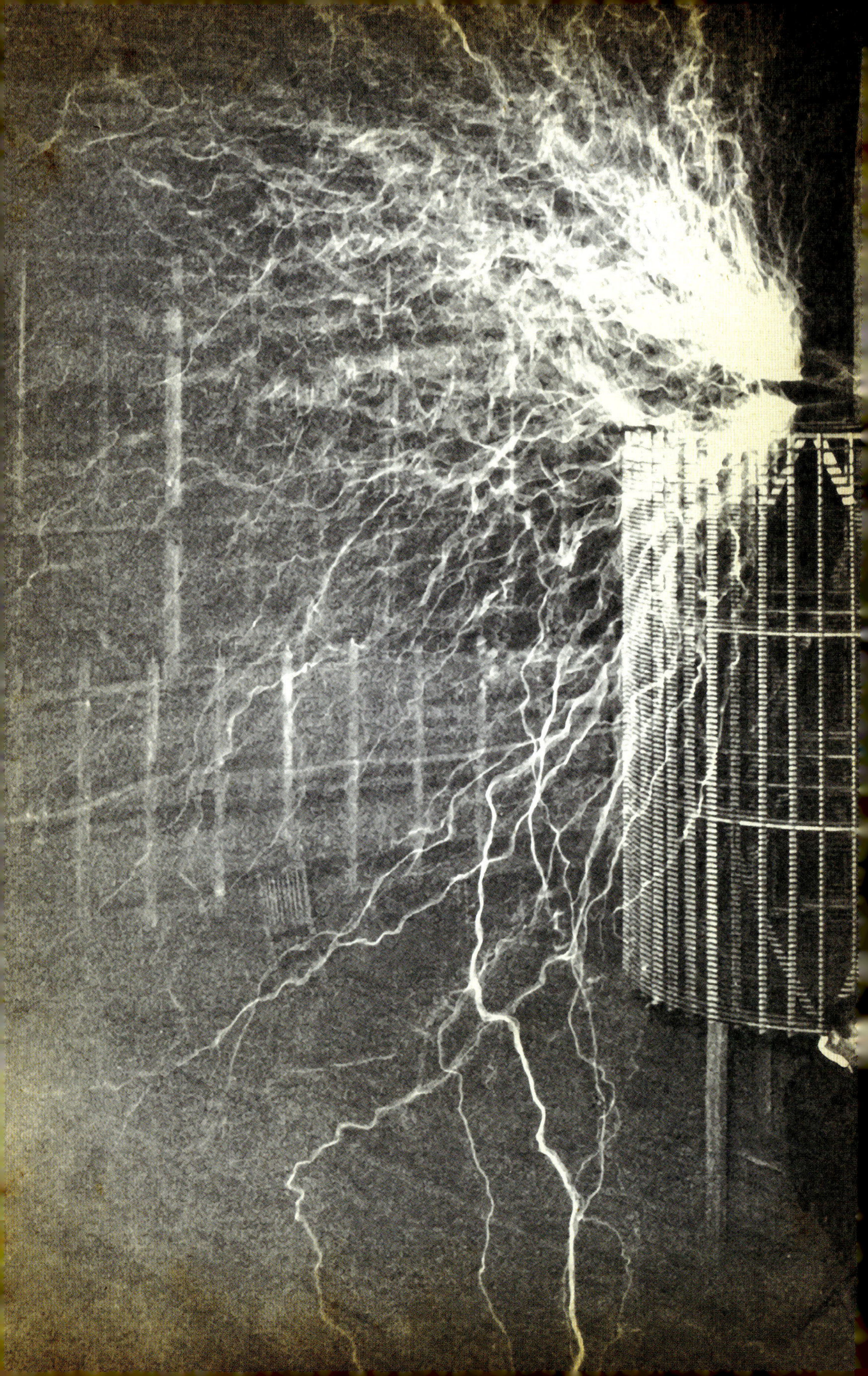

Bei den kurzen Kontakten kam es an der Sekundärspule zu elektrischem Feuer. Bei dem wesentlich längeren Kontakt knisterte alles vor Energie. Das Geknister wurde zu schärferem Knallen, ähnlich Gewehrschüssen, und bald darauf zu Donner wie bei Kanonenfeuer. »Es war angsteinflößend und das Gebäude erbebte bedrohlich.«[25]

Draußen fürchtete sich Tesla vor seinem eigenen Apparat. Blitzstöße schossen aus der Kugel. Zunächst nur etwa drei Meter lang, dann sechs Meter, dann neun … zwölf … vierundzwanzig Meter. Schließlich

Oben: Entladungen von einer sog. »Tesla-Spule« im Radioforschungslabor in Colorado Springs, 1899

Oben: Teslas Experimente im Freien waren optisch mitunter auch weniger beeindruckend.

schossen aus der Kugel leuchtend blaue Blitze von mehr als 40 Metern Länge über das Gebäude hinweg. Sogar Donner wurde dabei erzeugt. Selbst für jemanden, der fast sein ganzes Leben mit elektrischer Ladung zu tun gehabt hatte, war es ein äußerst eindrucksvoller Anblick. Tesla staunte vor allem darüber, dass diese Errungenschaft das Leben der Menschen auf der ganzen Welt verbessern könnte.

Plötzlich gab der Apparat seinen Geist auf. Keine Blitze mehr, nicht einmal ein Fünkchen. Das gesamte Labor war in Dunkelheit gehüllt.

Erbost beschwerte sich Tesla beim Elektrizitätswerk von Colorado Springs, dass ihm der Strom abgeschaltet worden war. Doch dann fiel ihm auf, dass nicht nur sein Labor, sondern die ganze Stadt im Dunkeln lag. Nach dem Experiment stand der Generator der Stadt in Flammen.

Tesla hatte die Gastfreundschaft überbeansprucht. Die Stadt stellte ihm den anfangs zugesagten »kostenlosen Strom« in Rechnung. Beschwingt von seinen Entdeckungen, aber auch deprimiert über diese Behandlung, plante Tesla seine Rückkehr nach New York.

Wardenclyffe

Nachdem Tesla in Colorado seine Forschung an der kabellosen Übertragung von Radiowellen und Energie vorangetrieben hatte, kehrte er im Frühjahr 1900 nach New York zurück. Er plante den Bau einer Station, die in verschiedenen Wellenlängen senden konnte. Auf einem 0,8 km^2 großen Grundstück in erstklassiger Lage, nahe des heutigen Shoreham auf Long Island, nahm er nach einer Geldspritze von Risikoanlegern – davon allein 150 000 US-Dollar von dem Unternehmer J. Pierpont Morgan – seine Arbeit am Wardenclyffe-Turm auf.

Der von dem berühmten Architekten Stanford White entworfene Wardenclyffe bestand aus einem seltsam anmutenden, etwa »57 Meter

Oben: Das Colorado Springs-Projekt

hohen Turm mit einem kugelförmigen Ende von etwa 20 Metern Durchmesser.«[26] Tesla beharrte darauf, dass diese Größe »für die Übertragung von geradezu jeder Strommenge«[27] ausreichend sei. Doch von Anfang an gab es Probleme mit dem Entwurf. Viele Bauunternehmer scheuten vor der Idee zurück, ein so riesiges Holzskelett mit einer halbrunden Elektrode an seiner Spitze zu bauen. Schnell hatte Tesla auch das von Morgan zur Verfügung gestellte Geld aufgebraucht. Dieser war nicht angetan von der Idee, weiterhin ein Projekt zu finanzieren, das ihm keine Ergebnisse liefern und keine Rendite einbringen würde.

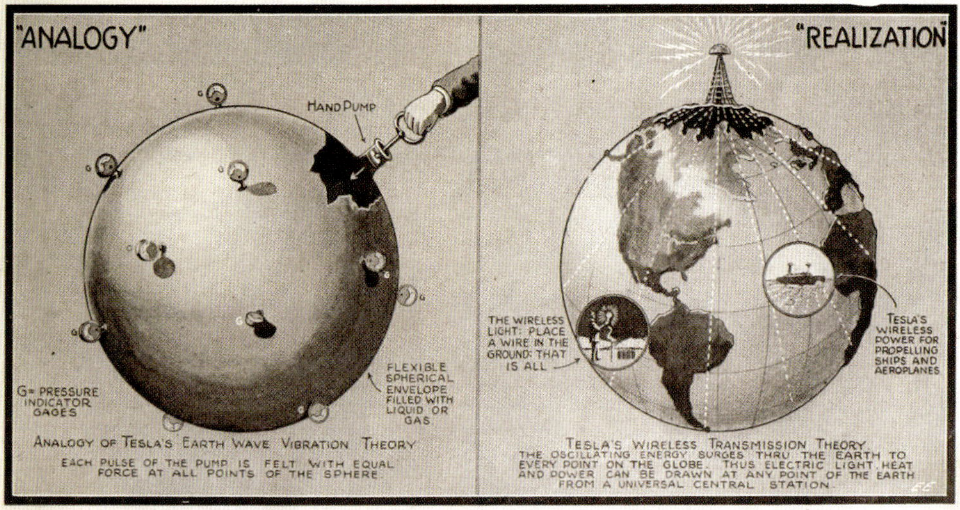

Das neue Labor entstand auf ominöse Weise an der Nordküste Long Islands. Der Turm verdunkelte das niedrige Backsteingebäude, in dem die Generatoren und weitere experimentelle Ausrüstung untergebracht waren. Als die gesamte Ausstattung im Juni 1902 vom Labor in der Houston Street nach Wardenclyffe gebracht worden war, mietete Tesla für etwa ein Jahr ein nahegelegenes Häuschen an.[28] Während der Bauphase führte Tesla erste Experimente durch, auch wenn dies wegen finanzieller Schwierigkeiten und Entwurfsänderungen in letzter Minute nur unregelmäßig geschah. Der Bau von Wardenclyffe war viel teurer als Tesla oder Morgen erwartet hatten.

Oben: Abbildung von Teslas weltweitem Funkübertragungssystem

Folgeseite: Der Turm bei Wardenclyffe

Aber Wardenclyffe sollte der Ort werden, an dem Teslas einst nur theoretisches weltweites Funkübertragungssystem gewinnbringend erschlossen werden konnte. Dieses globale System verband mehrere Erfindungen Teslas und gestattete »nicht nur die unmittelbare und präzise Funkübertragung aller möglichen Signale, Nachrichten oder Zeichen in alle Winkel der Welt, sondern auch die Verbindung der existierenden Telegrafen, Telefone und anderer Signalstationen, ohne Veränderungen an den vorhandenen Geräten durchführen zu müssen«.[29]

Die Grundlagen waren relativ einfach.[30] Die Erde agierte als Leiter für elektrische Energie, ganz ähnlich wie bei Strom, der durch einen Draht oder einen anderen Leiter fließt. Eine geerdete Tesla-Spule als Sender bewirkt eine starke Verschiebung der irdischen elektrischen Ladung. Eine Tesla-Spule, die auf dieselbe Frequenz eingestellt ist, dient als Empfänger, und die Energie fließt kabellos durch die Erde hindurch, von einer Spule zur anderen. Weder Tesla noch irgendjemand sonst konnte bisher herausfinden, ob dies tatsächlich funktionieren würde.[31]

Das **»Weltweite Funkübertragungssystem«** beruht auf folgenden wichtigen Erfindungen und Entdeckungen:

- **Der »Tesla-Transformator«:** Er generiert elektrische Schwingungen mit Strömen, die um ein Vielfaches stärker sind als alle zuvor auf herkömmlichem Weg produzierten Ströme, und Funken, die länger als dreißig Meter sind.
- **Der »Verstärkungssender«:** Ein verbesserter Transformator, der speziell darauf ausgerichtet ist, elektrische Energie durch die Erde zu übertragen.
- **Das »Tesla-Funksystem«:** Das ganze System enthält viele Verbesserungen und stellt die einzig bekannte Möglichkeit dar, elektrische Energie kabellos und sparsam über eine Entfernung hinweg zu senden.
- **Die »Kunst der Individualisierung«:** Diese Erfindung ermöglicht die völlig geheime und exklusive Übertragung von Signalen oder Nachrichten – sowohl aktiv als auch passiv –, d.h. sie überlagern und stören sich nicht gegenseitig.
- **Die »Irdischen stehenden Wellen«:** Die Erde reagiert auf elektrische Schwingungen bestimmter Höhen wie eine Stimmgabel auf bestimmte Schallwellen. Diese speziellen elektrischen Schwingungen sind imstande, die Erdkugel mächtig anzuregen.[32]

Leider erschöpften sich durch die »Panik von 1901« die finanziellen Möglichkeiten für die Funkforschung. Teslas wiederholtes Ersuchen um weitere Geldmittel bei J. Pierpont Morgan blieb unbeantwortet. Dann übermittelte Marconi den Buchstaben »S« von England nach Neufundland. Mit Ideen, auf die Tesla bereits Patente besaß, war ihm Marconi zuvorgekommen. Morgan war wütend, Tesla verzweifelt. Mitte 1903 stand es schlecht um die Zukunft von Wardenclyffe, und Tesla schrieb erneut an Morgan. Dieses Mal betonte er, dass sein weltweites Funkübertragungssystem und der Turm nicht nur Radiowellen sondern auch Strom drahtlos übertragen könne.[33] Morgan blieb unbeeindruckt. Er erkannte nicht, wie er aus dieser »freien Energie« Profit schlagen konnte, und antwortete im Winter 1904, es sei ihm »unmöglich, in dieser Sache etwas zu tun«. Morgan hielt auch andere Geldgeber von der Investition in Teslas Unternehmen ab. Da Teslas frühere Patente über den Wechselstrommotor und die damit verbundenen Lizenzgebühren 1905 ausliefen, konnte er Wardenclyffe bald nicht mehr finanzieren.[34]

Vorige Seite: Der Innenraum von Wardenclyffe
Gegenüber: Guglielmo Marconi

U. S. Blows Up T

SUSPECTING that German spies were using the big wireless tower erected at Shoreham, L. I., about twenty years ago by Nikola Tesla, the Federal Government ordered the tower destroyed and it was recently demolished with dynamite. During the past month several strangers had been seen lurking about the place.

Tesla erected the tower, which was about 185 feet high, with a well about 100 feet deep, for use in experimenting with the transmission of electrical energy for power and lighting purposes by wireless. The equipment cost nearly $200,000.

The late J. P. Morgan backed Nikola Tesla with the money to build this remarkable steel tower, that he might experiment in wireless even before people knew of Marconi. A complete description, revised by Dr. Tesla himself, of this unique and ultra-powerful radio plant was given in the March, 1916, issue of THE ELECTRICAL EXPERIMENTER. Everyone interested in the study of high frequency currents should not fail to study that discourse as it contains the theory of how this

gone on record as st
in accordance with D
derful still is the fact

mulgated his basic t
transmission a great
of his patents and ot

sla Radio Tower

g their belief to be Tesla's. More won- at this scientist pro-

some of the water into the pump and force it back into the ball by pushing on the piston handle, this change in pressure will be indicated on the gage secured to the opposite side of the sphere. In this way the Tesla earth currents are supposed to act.

The patents of Dr. Tesla are basically quite different from those of Marconi and others in the wireless telegraphic field. In the nature of things this would be expected to be the case, as Tesla believes and has designed apparatus intended for the *transmission of large amounts of electrical energy,* while the energy received in the transmission of intelligence wirelessly amounts to but a few millionths of an ampere in most cases by the time the current so transmitted has been picked up a thousand miles away. In the Hertzian wave system, as it has been explained and believed in, the energy is transmitted with a very large loss to the receptor by electro-magnetic waves which pass out laterally from the transmit-

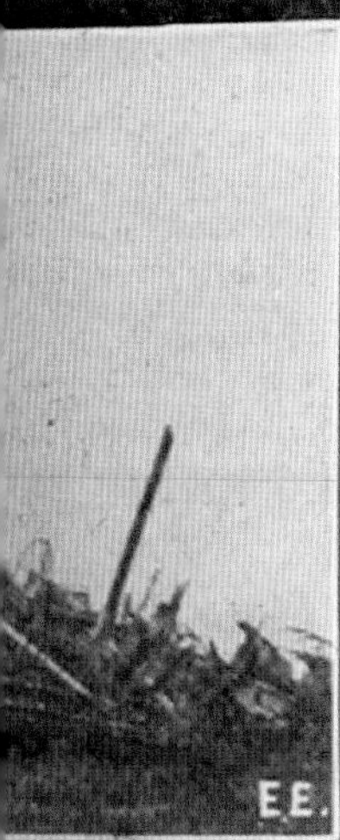

Two Views of the Last Minutes of Tesla's Gigantic Radio Tower at Shoreham, L. I., New York, As It Was Being Demolished by the Federal Government. It Was Suspected That German Spies Were Using the Tower for Radio - Communication Purposes. It Stood 185 Feet Above the Ground and Cost About $200,000. Tesla Had Not Used It For Several Years.

Photos by American Press Association

ry of *earth current* ly years ago in some publications. Brief- theory is that a

Obwohl Tesla auf dem Gelände noch seine schaufellose Turbine erfand und seine Tesla-Spulen vertrieb, war Wardenclyffe bereits Geschichte. Es wurde an George Boldt, den Besitzer des Waldorf-Astoria, übertragen – als Entschädigung für die von Tesla über all die Jahre nicht bezahlten Hotelkosten. Zum Abriss des Turms im Jahr 1917 gibt es zwei Versionen: Er wurde entweder von einem Schrottunternehmer zerstört, damit Boldt einen Teil seiner verlorenen Einnahmen erzielen konnte, oder von der Regierung, damit der Turm nicht von deutschen Spionen genutzt werden konnte. Das Laborgebäude steht bis heute und beherbergte über mehrere Jahrzehnte ein Filmentwicklungswerk.

Nach Wardenclyffe ließ Tesla bei ›Telefunken Wireless‹, einem neuen Unternehmen aus Sayville an der Südküste von Long Island, mehrere Funktürme bauen. Telefunken diente auf amerikanischer Seite als Kontakt eines kabellosen Kommunikationsnetzwerks zwischen Nordamerika und Europa. Tesla assistierte jedoch nur bei dem Entwurf und dem Bau der Funktürme. Er machte noch immer Erfindungen, aber die produktivste Zeit seines Lebens neigte sich langsam ihrem Ende entgegen.

TESLA LABORATORY

LONG ISLAND N.Y.

No. 685,956. **Patented Nov. 5, 1901.**

N. TESLA.

APPARATUS FOR UTILIZING EFFECTS TRANSMITTED THROUGH NATURAL MEDIA.

(Application filed Nov. 2, 1899. Renewed May 29, 1901.)

(No Model.)

Fig. 1

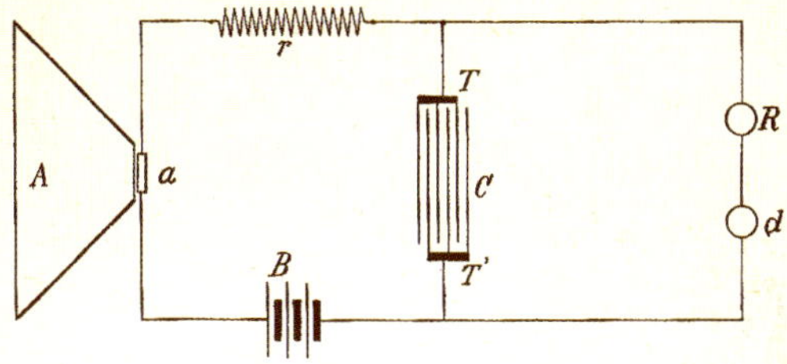

Fig. 2

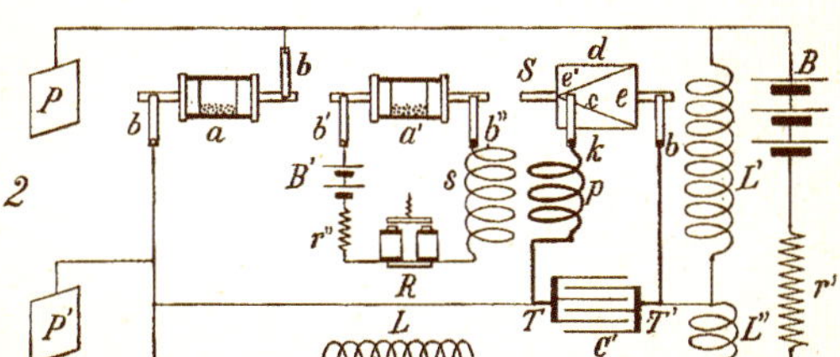

Fig. 3

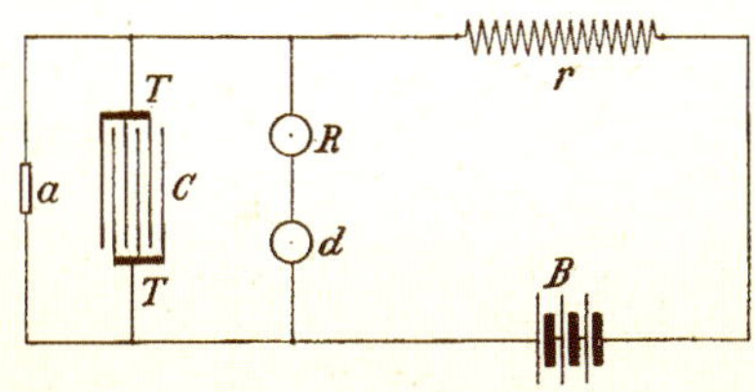

Fig. 4

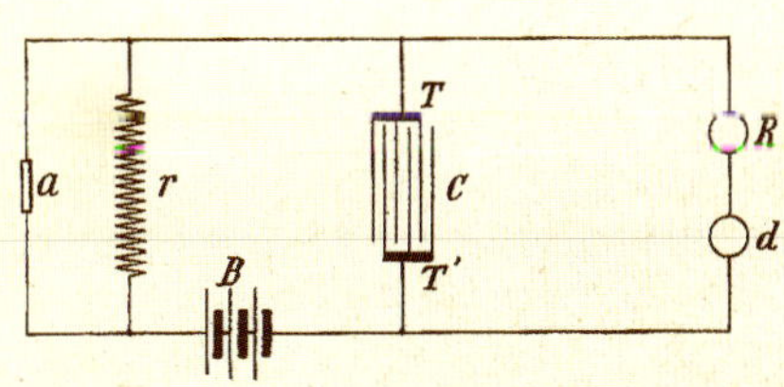

Fig. 5

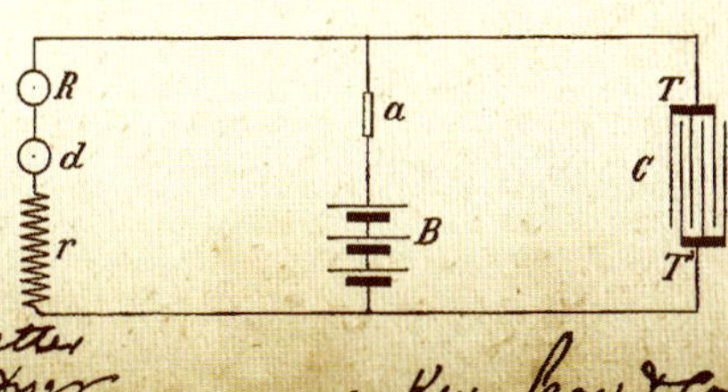

Witnesses:

Raphaël Netter

M. Lawson Dyer.

Inventor

Nikola Tesla

by Kerr, Page & Cooper, Attorneys.

KAPITEL
AMPERE
7

TESLA GEGEN EINSTEIN

Rotierende Magnetfelder, Wechselstrommotoren und -transformatoren, die Tesla-Spule, kabellose Funkübertragung, kabellose Beleuchtung – Nikola Tesla kann viele Erfindungen sein eigen nennen. Er versuchte sich aber auch an anderen Dingen.[1] Wie viele andere große Erfinder von da Vinci bis Edison hatte Tesla vielseitige Interessen; neben der kabellosen Funkübertragung und dem Wechselstromsystem begeisterte er sich auch für viele andere Themen. Viel Zeit widmete er unter anderem dem Zusammenhang zwischen Materie und Energie. Im Alter behauptete er sogar, er hätte eine neue dynamische Gravitationslehre entwickelt, obgleich er seine Theorie nie im Detail darlegte. Eines war jedoch klar: Tesla glaubte nicht, dass Albert Einstein die Zusammenhänge richtig verstanden hatte, als er seine Relativitätstheorie vorstellte. »Tesla stellte immer wieder die Richtigkeit von Einsteins Arbeit in Frage«, schrieb O'Neill, »und verspottete die Auffassung, dass Energie aus Materie erzeugt werden könne.«[2]

Natürlich erhielt Einstein 1921 den Physik-Nobelpreis »für seine Leistungen in theoretischer Physik, besonders für die Entdeckung des Gesetzes des photoelektrischen Effekts«.[3] Auch wenn er vielen für die Aufstellung der »weltberühmten Formel« bekannt ist, war es Einsteins größte Leistung, die Gesetze der klassischen Mechanik mit denen

elektromagnetischer Felder in Einklang zu bringen.[4] Einstein glaubte, dass die Newton'sche Mechanik keine ausreichende Grundlage bot, woraufhin er 1905 seine spezielle Relativitätstheorie entwickelte. Er erweiterte sein Konzept auf Gravitationsfelder und veröffentlichte 1916 seine allgemeine Relativitätstheorie. Im Folgejahr nutzte er die allgemeine Theorie, um die Struktur des Universums zu erklären.

Enorm vereinfacht beschreibt die allgemeine Relativitätstheorie die Schwerkraft als geometrische Eigenschaft von Raum und Zeit. Die Raumzeit ist sowohl gekrümmt als auch eine Funktion der Energie und des Impulses von Materie und Strahlung.[5] Das Licht um Planeten und andere Himmelskörper ist deshalb gekrümmt, weil es von deren Gravitationsfeldern beeinflusst wird. So vergeht auch die Zeit umso langsamer, je näher sich die Uhr an der Gravitationsquelle befindet (demnach würden Astronauten nach einer Mission außerhalb unseres Sonnensystems jünger zurückkehren, als sie es auf der Erde wären).

Unbeeindruckt vom weltweiten Ansehen eines Mannes wie Einstein schrieb Tesla mit zweiundachtzig Jahren, dass er das Glück hatte, »zwei folgenschwere Entdeckungen« gemacht zu haben: eine dynamische Gravitationstheorie, die »die Ursachen dieser Kraft und der Bewegungen der Himmelskörper unter ihrem Einfluss so ausreichend erklärt, dass sie nutzloser Spekulation und falschen Konzepten wie dem des gekrümmten Weltraums ein Ende machen wird«. Natürlich war die »nutzlose Spekulation« vom gekrümmten Weltraum ein Kernelement von Einsteins allgemeiner Relatitvitätstheorie. Aber Tesla behauptete, dass Einsteins Theorien nichts weiter seien als ein »großartiges, faszinierendes mathematisches Gewand, das blind für Fehler macht«.[6]

Die zweite Entdeckung Teslas war eine physikalische Wahrheit, die sich, wie er glaubte, am besten mit folgender Aussage formulieren lässt:

»In der Materie gibt es keine andere Energie außer jener, die von der Umgebung aufgenommen wurde.«

Gegenüber: Albert Einstein, ca. 1947

Nach seiner Behauptung kann keine Theorie

»die Funktionsweise des Universums erklären, ohne die Existenz des Äthers und seiner unabdingbaren Rolle bei diesen Phänomenen anzuerkennen.«[7]

Die Existenz des Äthers – des unsichtbaren Mediums zwischen allen Körpern des Universums – war bereits von vielen Wissenschaftlern angezweifelt worden, so auch von Einstein. Anstelle des Äthers führte Einstein die Raumzeit an, die es dem Weltraum ermöglichte, sich um Gravitationskörper herum zu krümmen.[8] Tesla widersprach:

»Der Weltraum kann nicht gekrümmt sein, weil er ganz einfach keine Eigenschaften besitzen kann. Man könnte genauso behaupten, dass Gott Eigenschaften besitzt. Er besitzt aber nur Merkmale, die wir ihm zugeschrieben haben. Von Eigenschaften können wir nur sprechen, wenn es um raumfüllende Materie geht. Zu sagen, der Weltraum würde in Anwesenheit großer Körper gekrümmt, ist so, als sagte man, ein Etwas könne auf ein Nichts einwirken. Ich weigere mich, dieser Ansicht zu folgen.«[9]

Dieser Zweifel war nicht belanglos – sollte der Äther existieren, dann wäre die Lichtgeschwindigkeit nicht konstant, sondern würde abhängig von den Kräften der Himmelskörper variieren. Bereits 1887 hatten die Experimente von Albert Michelson und William Morley gezeigt, dass der Äther nicht existierte; Tesla behauptete dennoch Jahrzehnte später beharrlich das Gegenteil.[10]

Tesla glaubte, er habe etwas entdeckt, das später als »Tesla-Wellen« bekannt werden sollte – Wellen, die sich mit Überlichtgeschwindigkeit bewegen können. Er behauptete, dass die Stromübertragung von seinem Verstärkungssender – »einem speziell für die Anregung der Erde entwickelten Transformator«[11] – mit »theoretisch unendlicher

Geschwindigkeit« beginnt und sich später »in Lichtgeschwindigkeit fortsetzt«. Doch damit nicht genug: »Von dort an nimmt die Geschwindigkeit wieder zu – anfangs nur langsam, später schneller«; und schließlich wird die Erde »mit annähernd unendlicher Geschwindigkeit« zu einem diametral entgegengesetzten Punkt durchlaufen.[12] Dies stand im direkten Widerspruch zu Einsteins Bekundung, die Lichtgeschwindigkeit sei konstant, und nichts könne sich schneller bewegen, zumindest nicht im Vakuum.[13]

Es ist unklar, ob Einstein zusätzliche Erkenntnisse gewonnen hätte, wären Teslas Ansichten Jahre zuvor veröffentlicht worden. Es waren jedoch Einsteins heute allgemein akzeptierte Theorien, die damals niedergeschrieben und einer genauen Prüfung unterzogen wurden.

Teslas offensichtliche Abneigung gegen Einstein beruhte offenbar nicht auf Gegenseitigkeit, weil sich Einstein kaum an Tesla erinnerte. Dies zeigte sich zu Teslas fünfundsiebzigstem Geburtstag (1931). Die Feier erschien dem zurückgezogen lebenden Nikola wie ein Wunder, bedenkt man die Tatsache, dass seine Geburtstage zuvor meist nie gefeiert worden waren. Auf Initiative von Kenneth Swezey bekam Tesla Post von berühmten Ingenieuren und Wissenschaftlern aus aller Welt. Zu den Gratulanten gehörten auch die Nobelpreisträger Robert A. Millikan, William H. Bragg, E.V. Appleton, Arthur H. Compton und Albert Einstein. Einstein gratulierte Tesla zu seinen Leistungen im Bereich der Hochfrequenzströme und vergaß dabei all seine anderen Errungenschaften. Diese Geringschätzung blieb jedoch unbemerkt, da die Zeitschrift *Time* Tesla auf ihr Titelblatt setzte.[14]

Neben der Titelstory bekam Tesla mehr als siebzig Glückwunschbriefe in Form einer Ehrenausgabe überreicht. Wie erwartet regnete es Lob für Teslas Errungenschaften. Hugo Gernsback, Redakteur und Herausgeber von *Science*, kam aus dem Schwärmen fast nicht mehr heraus und schrieb:

»Wenn es einen Mann gibt, der tatsächlich Erfindungen im Sinne des Entwickelns und Entdeckens gemacht und nicht nur die Erfindungen anderer verbessert hat, dann ist Nikola Tesla ohne jeden Zweifel der größte Erfinder der Welt – nicht nur in der Gegenwart, sondern in der gesamten Geschichte. Seine fundamentalen und revolutionären Entdeckungen suchen aufgrund ihrer Verwegenheit in den Annalen der intellektuellen Welt ihresgleichen.«[15]

Traurigerweise geriet Tesla in den letzten zwölf Jahren seines Lebens in Vergessenheit, während andere – besonders Edison, Westinghouse und Marconi – die Lorbeeren für seine Leistungen ernteten.

Oben: Eine schaufellose Turbine

Schaufellose Turbinen

Tesla grübelte auch über einigen grundlegenden »Wahrheiten« der Wissenschaft. Er widersprach der Auffassung, Turbinen müssten propellerähnliche Schaufeln besitzen, um durch Luft oder Wasser in Bewegung gesetzt zu werden. Tesla hatte bereits in seiner Jugend Wasserräder erfunden und mit etwas experimentiert, das später den Namen ›schaufellose Turbine‹ bekommen sollte. Seine modernisierte Version dieser Turbine sei für den Betrieb von »Kraftfahrzeugen, Lokomotiven und Dampfschiffen«, Flugzeugen und Ozeandampfern geeignet – im Grunde für alle Transportmittel des frühen zwanzigsten Jahrhunderts.[16]

Mit der Turbinenforschung hatte Tesla begonnen, als er Berater der ›Westinghouse Company‹ in Pittsburgh war. Während der Arbeit an seinem Wechselstromsystem wurde dieses Projekt wie viele andere auf Eis gelegt. Doch 1906 machte er sich zu seinem fünfzigsten Geburtstag selbst ein Geschenk und präsentierte seine Turbine der Öffentlichkeit. Ihr Grundkonzept beruht auf dem Prinzip der Grenzschichtströmung, d. h. die Bewegung einer Flüssigkeit oder eines Gases verläuft über eine Reihe glatter Scheiben. Ein Teil der Flüssigkeit oder des Gases haftet an ihnen; der dadurch erzeugte, zur Mitte strebende Wirbel treibt die Turbine an. Tesla beschrieb sie 1911 in einem Interview mit dem *New York Herald*:

»Geben wir nun der von mir erwähnten Metallplatte eine runde Form und befestigen sie an einer Achse, um sie drehen zu können. Was passiert nun, wenn wir eine Kraft einsetzen, um die Achse rotieren zu lassen? Der Grund, warum die Scheibe, in welcher Flüssigkeit auch immer sie sich dreht, angetrieben und in Rotationsrichtung mitgerissen wird, ist, dass die Flüssigkeit an der Scheibe haftet und ihre Viskosität die den anhaftenden Partikeln innewohnende Bewegung auf die Gesamtmasse überträgt.«[17]

Trotz der äußerst geringen Größe und des niedrigen Gewichts ließ sich eine sehr hohe Abgabeleistung erzielen. Ohne überstehende Schaufeln konnte die Turbine viel höheren Belastungen standhalten.

Ungeeignete Ideen

Es überrascht nicht, dass Tesla auch Ideen hatte, die unbrauchbar waren. Zwei davon waren so bombastisch, dass vermutlich nicht einmal Tesla an ihre Umsetzung geglaubt hat. Trotzdem gab er sich seiner Fantasie hin – zum einen gegen die Langeweile, zum anderen vielleicht, um sich die Freiheit zum Denken abseits der Normalität zu nehmen. Als er sich nach seinem Aufenthalt in Graz in den Bergen versteckte, erwog Tesla den Bau einer riesigen Röhre, die Europa mit den USA verbinden sollte. Zu welchem Zweck? Nur für den Transport von Post – in »runden Containern«, die mit Wasserdruck durch die Röhre geschoben werden sollten. Auch wenn dies vielleicht wie eine alberne Übung anmutete, befasste er sich in Gedanken mit dem Problem der Wasserreibung in der Röhre, einem Hauptproblem, dessen Lösung er später bei der Erfindung seiner schaufellosen Turbine umsetzte.[18]

In seiner Jugend nutzte Tesla völlig unpraktische Ideen zur Erörterung grundlegender mathematischer und physikalischer Probleme, die ihm später beim Konzipieren realitätsnaher Erfindungen helfen sollten. Man könne einen Ring um die ganze Erde herum bauen, der auf der Äquatorlinie von einem Gerüst gestützt werden sollte. Nach Fertigstellung des Rings, so Tesla, könne das Gerüst entfernt werden, und der Ring werde im Raum schweben und »sich mit derselben Geschwindigkeit wie die Erde drehen«. Ließe sich der Ring zum Stillstand bringen, während die Erde sich unter ihm »mit 1600 Kilometern pro Stunde« drehe, könnte er als eine Art Plattform für Hochgeschwindigkeitstransporte verwertet werden. Tesla hat diese Idee nie vermarktet.

Flugmaschinen

Wie Da Vinci hatte auch Tesla die Vision, Flugmaschinen zu entwerfen. Seit dem ersten konkreten Flug der Gebrüder Wright mit einem angetriebenen Flugapparat schwerer als Luft (1903) hatte sich die Flugzeugtechnik rasant weiterentwickelt. Im Ersten Weltkrieg wurden von beiden Kriegsparteien Starrflügler, meist Doppeldecker, verwendet. Da er mit den herkömmlichen Flugzeugen nie zufrieden war, bemühte sich Tesla um die Erfindung einer völlig »neuen Art von Flugmaschine«, die er »Helikopter-Flugzeug« nannte. Tesla plante den Bau eines Vorläufers der modernen Senkrechtstarter:

»Die Erfindung ist eine neue Art von Flugmaschine – ein »Helikopter-Flugzeug«, das man mit derselben Antriebsvorrichtung sowohl vertikal aufsteigen und herabsinken als auch horizontal fliegen lassen kann. Es besteht aus einer verbesserten Kraftmaschine mit Propeller – beide speziell für den Zweck angepasst, Vorrichtungen zum Neigen der Maschine in der Luft, Instrumente zur Betriebskontrolle in jeder Position, einem neuen Fahrwerk und anderen Elementen, die nachstehend vollständig erklärt werden.«[19]

In seinem Aussehen und Verhalten war dieses Flugzeug unvergleichbar. Nachdem es senkrecht vom Boden abgehoben war, neigte der Pilot das Flugzeug nach vorn, während sein Sitz sich mitneigte, um die aufrechte Sitzposition beizubehalten; die Flügel stellten sich horizontal.

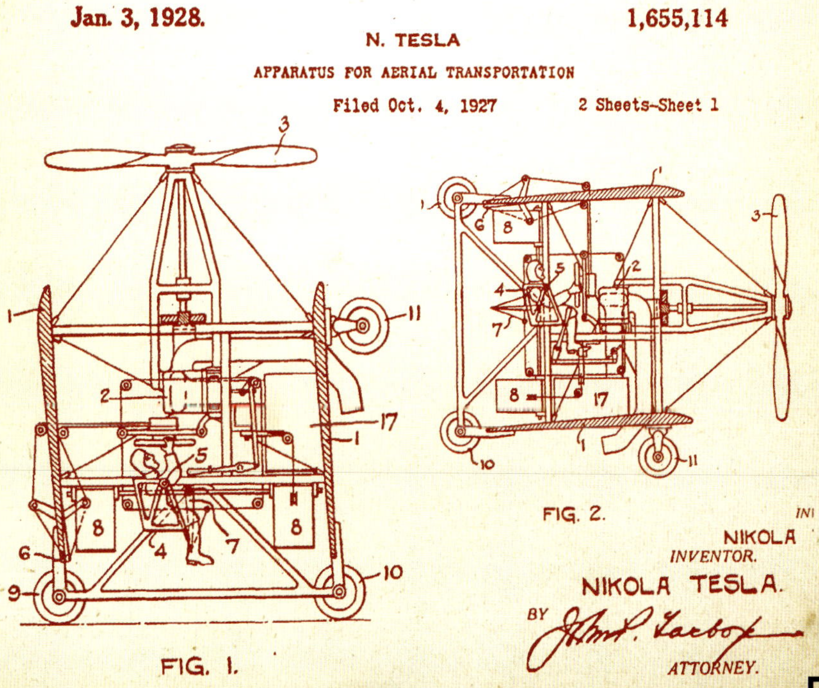

Neben seinem einzigartigen System für senkrechten und horizontalen Antrieb war dieses Fluggerät auch ein erstes Rotorflugzeug mit Turbinenmotor. Tesla hat möglicherweise an einen breiteren Einsatz dieser Technologie gedacht; vielleicht war er nach Detroit gereist, um seinen Entwurf als »fliegendes Automobil« zu vermarkten.[20]

Leider wurde die Flugzeugidee nicht weiter gefördert und war 1928 das letzte Patent, das Tesla mit zweiundsiebzig Jahren erhielt.

Schattenbilder und Röntgenstrahlen

Tesla erkannte an, dass die Röntgenstrahlen vom deutschen Physiker Wilhelm Conrad Röntgen entdeckt wurden, auch wenn er selbst bereits einige Jahre zuvor mit sog. »Schattenbildern« experimentiert hatte. 1892 hatte er auf einer Vortragsreise ein »sichtbares schwarzes Licht und eine sehr spezielle Strahlung« erwähnt. Wie das Radio und so viele andere Erfindungen, an denen Tesla arbeitete, wurde seine Forschung zu den Schattenbildern durch den Laborbrand 1895. Als im Herbst desselben Jahres Röntgen seine Entdeckung der nach ihm benannten Strahlen bekanntgab, ließ Tesla ihm sofort einige seiner Schattenbilder zukommen, die er mit seiner »sehr speziellen Strahlung« gemacht hatte. Röntgen war sehr beeindruckt und antwortete: »die Bilder sind sehr interessant. Bitte seien Sie so freundlich und verraten Sie mir, mit welchem Verfahren sie aufgenommen worden sind.«[21]

Gemeinsam mit anderen Berühmtheiten wie Thomas Edison, Michael Pupin und Oliver Lodge erforschte Tesla fortan dieses aufregende und zugleich beängstigende neue Gebiet. Während andere jedoch röntgenartige Röhren mit niedriger Stärke im Nahbereich verwendeten, machte Tesla »Aufnahmen durch den Schädel im Abstand von etwa zwölf Metern zur Röhre«.[22] In den folgenden zwei Jahren veröffentlichte Tesla viel über seine Strahlenforschung und machte »den Körper durchleuchtende« Aufnahmen von Kleintieren, seinen Assistenten und sich selbst.[23] Zunächst galt die Anwendung der Röntgenstrahlung im Experiment als sicher. Thomas Edison richtete die Röntgenstrahlen unter Einsatz seines Fluoroskops sogar direkt in seine Augen und die Augen seines Assistenten Clarence Dally. Später starb Dally an den Verletzungen durch die schädliche Strahlungsdosis, und Edison selbst verlor fast das Augenlicht; danach ließ er verlauten: »Sprechen Sie nicht von Röntgenstrahlen, vor denen habe ich Angst.«[24] Auch Tesla plagten körperliche Beschwerden und Schmerzen; doch erst nachdem sich auf der Haut seines Assistenten Blasen gebildet hatten und sogar Fleisch freilag, rief Tesla zum Schutz vor der Strahlung auf.[25]

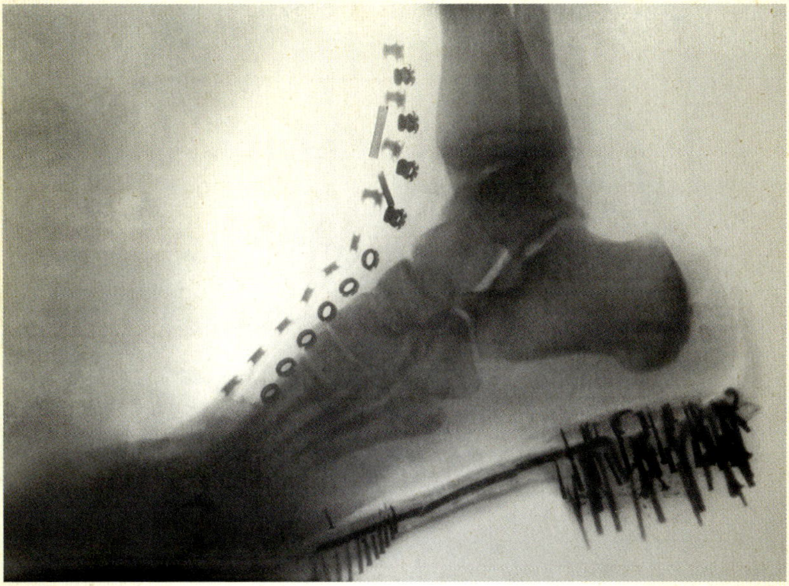

Oben: Schattenbild eines Fußes (1896) mit Strahlen aus Teslas Vakuumröhre

Radar

1914 begann in Europa der Erste Weltkrieg. Eines der ersten Gefechte war die Schlacht an der Kolubara, wo Österreich gegen die serbische Armee kämpfte. Obwohl Tesla 1891 die US-Staatsbürgerschaft angenommen hatte, war er noch immer stolz auf seine serbische Herkunft und wollte etwas unternehmen. Er glaubte, man könne Radiowellen einsetzen, um »die relative Position oder den Kurs eines Objekts, seine zurückgelegte Entfernung oder seine Geschwindigkeit zu bestimmen«,[26] und präsentierte später erste technische Grundlagen für das Radar. Der Fachzeitschrift *The Electrical Experimenter* beschrieb Tesla drei separate Entwürfe zur Nutzung von Elektrizität für die Ortung von

Beginning: "My Inventions," by Nikola Te[sla]

FEB. 1919 20 CTS.

ELECTRICAL EXPERIMENTER

SCIENCE AND INVENTION

REG. U.S. PAT. OFF.

OVER 175 ILLUST.

THE TESLA WIRELESS LIGHT

SEE PAGE 692

Unterseebooten, besonders jenen der Deutschen.[27] In Bezug auf einen Entwurf äußerte sich Tesla stolz:

»Kommen wir nun zur Ortung versteckter Metallmassen wie U-Booten mit einem elektrischen Strahl. Wenn wir einen konzentrierten Strahl aus winzigen elektrischen Ladungen und mit einer Schwingung von gewaltiger Frequenz aussenden – sagen wir mit Millionen von Schwingungen pro Sekunde – und dann diesen Strahl auffangen, nachdem er von der Hülle eines U-Boots reflektiert worden ist, und mit diesem aufgefangenen Strahl einen Fluoreszenzschirm (ähnlich wie bei Röntgenstrahlen) auf demselben oder einem anderen Schiff beleuchten, dann wäre unser Problem der Ortung versteckter U-Boote gelöst.«[28]

Tesla sah auch das erst vor dem Zweiten Weltkrieg entwickelte Radar voraus.[29] Sein Konzept eines Unterwasserradars stellte sich aus technischen Gründen als unpraktisch heraus, und später entschied sich das Militär bei der Echo-Ortung von Unterwasserobjekten für die Sonartechnik, die auf der Ausbreitung des Schalls basiert.

Es gibt viele Entdeckungen, für die Tesla zumindest ein Teilverdienst gebührt, die jedoch nur wenig beachtet werden. Ein Jahr nach Teslas Tod beklagte O'Neill diesen Mangel an Würdigung:

»Neben seinen elektrischen Vakuumlampen, seiner hocheffizienten Glühlampe, seinen Hochfrequenz- und Hochspannungsströmen bzw. -apparaten bot Tesla der Öffentlichkeit mindestens fünf überragende wissenschaftliche Entdeckungen: 1. Kosmische Strahlung; 2. Künstliche Radioaktivität; 3. Zersetzende Strahlen aus elektrisierten Teilchen oder ›Teilchenbeschleunigern‹; 4. Das Elektronenmikroskop; und 5. ›Die sehr spezielle Strahlung‹ (Röntgenstrahlen).«

In mindestens vier von fünf Fällen wurden sogar vierzig Jahre später andere für die »Wiederentdeckung« dieser Innovationen mit dem Nobelpreis geehrt; nie wurde Teslas Name auch nur erwähnt.[30]

Seit dem Erscheinen von O'Neills Tesla-Biografie vor 70 Jahren wurde immer klarer, dass Tesla sowohl von Zeitgenossen als auch Historikern unzureichend gewürdigt worden war. Dass diese Tatsache ein idealer Nährboden für Verschwörungstheorien bildete, um Teslas Bedeutung herunter zu spielen, überrascht daher nicht einen Moment.

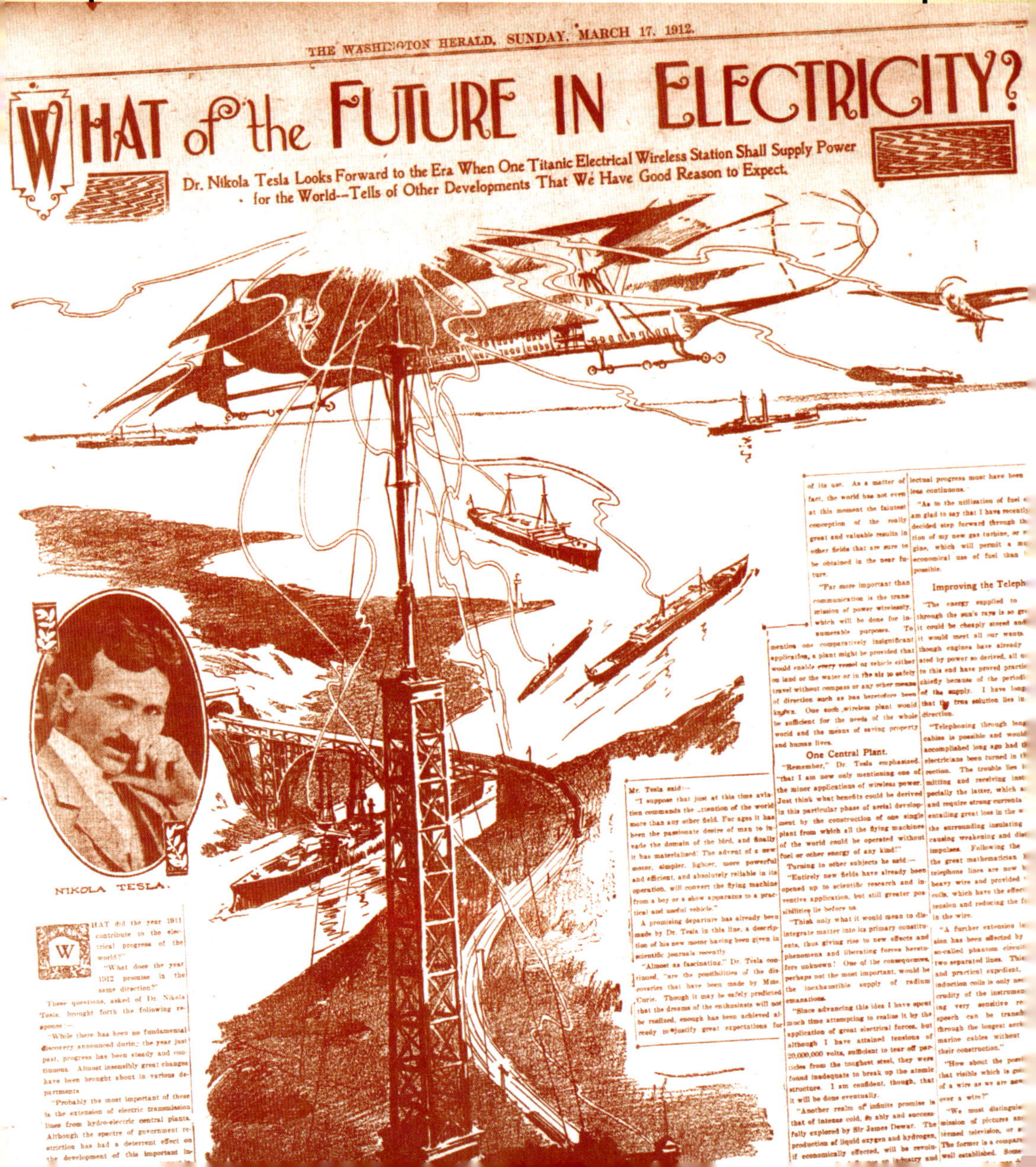

THE WASHINGTON HERALD, SUNDAY, MARCH 17, 1912.

WHAT of the FUTURE IN ELECTRICITY?

Dr. Nikola Tesla Looks Forward to the Era When One Titanic Electrical Wireless Station Shall Supply Power for the World--Tells of Other Developments That We Have Good Reason to Expect.

NIKOLA TESLA.

WHAT did the year 1911 contribute to the electrical progress of the world?"

"What does the year 1912 promise in the same direction?"

These questions, asked of Dr. Nikola Tesla, brought forth the following response:—

"While there has been no fundamental discovery announced during the year just past, progress has been steady and continuous. Almost insensibly great changes have been brought about in various departments.

"Probably the most important of these is the extension of electric transmission lines from hydro-electric central plants. Although the spectre of government restriction has had a deterrent effect on the development of this important in-

Mr. Tesla said:—

"I suppose that just at this time aviation commands the attention of the world more than any other field. For ages it has been the passionate desire of man to invade the domain of the bird, and finally it has materialized! The advent of a new motor, simpler, lighter, more powerful and efficient, and absolutely reliable in its operation, will convert the flying machine from a toy or a show apparatus to a practical and useful vehicle."

A promising departure has already been made by Dr. Tesla in this line, a description of his new motor having been given in scientific journals recently.

"Almost as fascinating," Dr. Tesla continued, "are the possibilities of the discoveries that have been made by Mme. Curie. Though it may be safely predicted that the dreams of the enthusiasts will not be realized, enough has been achieved already to justify great expectations for

of its use. As a matter of fact, the world has not even at this moment the faintest conception of the really great and valuable results in other fields that are sure to be obtained in the near future.

"Far more important than communication is the transmission of power wirelessly, which will be done for innumerable purposes. To mention one comparatively insignificant application, a plant might be provided that would enable every vessel or vehicle either on land or the water or in the air to safely travel without compass or any other means of direction such as has heretofore been known. One such wireless plant would be sufficient for the needs of the whole world and the means of saving property and human lives.

One Central Plant.

"Remember," Dr. Tesla emphasized, "that I am now only mentioning one of the minor applications of wireless power. Just think what benefits could be derived in this particular phase of aerial development by the construction of one single plant from which all the flying machines of the world could be operated without fuel or other energy of any kind!"

Turning to other subjects he said:—

"Entirely new fields have already been opened up to scientific research and inventive application, but still greater possibilities lie before us.

"Think only what it would mean to disintegrate matter into its primary constituents, thus giving rise to new effects and phenomena and liberating forces heretofore unknown! One of the consequences, perhaps not the most important, would be the inexhaustible supply of radium emanations.

"Since advancing this idea I have spent much time attempting to realize it by the application of great electrical forces, but although I have attained tensions of 20,000,000 volts, sufficient to tear off particles from the toughest steel, they were found inadequate to break up the atomic structure. I am confident, though, that it will be done eventually.

"Another realm of infinite promise is that of intense cold, so ably and successfully explored by Sir James Dewar. The production of liquid oxygen and hydrogen, if economically effected, will be revolu- ... industry and

lectual progress must have been less continuous.

"As to the utilization of fuel ... am glad to say that I have recently ... decided step forward through th... tion of my new gas turbine, or ... gine, which will permit a mo... economical use of fuel than ... possible.

Improving the Teleph...

"The energy supplied to ... through the sun's rays is so gr... it could be cheaply stored and ... it would meet all our wants. ... though engines have already ... ated by power so derived, all ... to this end have proved practic... chiefly because of the periodi... of the supply. I have long ... that the true solution lies in ... direction.

"Telephoning through long ... cables is possible and would ... accomplished long ago had th... electricians been turned in th... rection. The trouble lies ... mitting and receiving inst... pecially the latter, which a... and require strong currents ... entailing great loss in the w... the surrounding insulating ... causing weakening and dis... impulses. Following the ... the great mathematician ... telephone lines are now ... heavy wire and provided ... coils, which have the effec... tension and reducing the f... in the wire.

"A further extension ... sion has been affected by ... so-called phantom circuit ... two separated lines. This ... and practical expedient, ... induction coils is only nec... crudity of the instrumen... ing very sensitive re... speech can be transm... through the longest aer... marine cables without ... their construction."

"How about the poss... that visible which is goi... of a wire as we are now ... over a wire?"

"We must distinguis... mission of pictures an... termed television, or ... The former is a compar... well established. Some...

TESLA LABORATORY

LONG ISLAND N.Y.

N. TESLA.

TURBINE.

APPLICATION FILED JAN. 17, 1911.

1,061,206. Patented May 6, 1913.

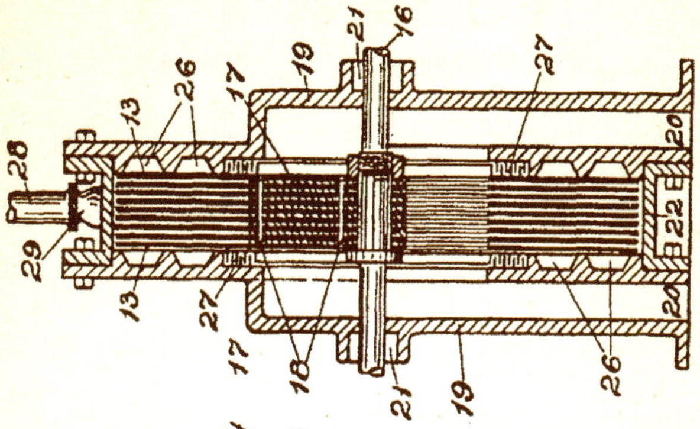

Fig. 2.

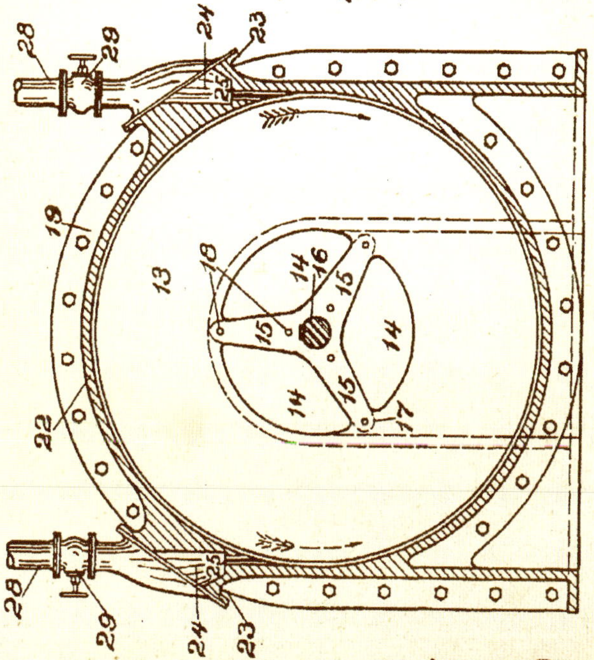

Fig. 1.

Witnesses:

R. Diaz Buitrago

Wm. Bohleber

Nikola Tesla, Inventor

By his Attorneys

Kerr Page Cooper & Hayward

Kapitel 8

Über den Tod hinaus – Verschwörungstheorien

Nikola Tesla war ein brillanter, aber auch sehr exzentrischer Wissenschaftler, der nur wenig für die Vermarktung seiner Erfindungen oder den angemessenen Umgang mit Finanzen übrig hatte. Nach seinem Tod wurde er für viele zum Inbegriff des »verrückten Wissenschaftlers« und für andere zur Kultfigur. An einem Tag war er der kultivierte, makellos gekleidete Gentleman, der in den besten Restaurants dinierte, und am nächsten der Wissenschaftler, der sich in sein Labor zurückzog und nur sehr wenig Schlaf bekam. Bei Vorträgen gab er gern den Entertainer und erheiterte die sonst so langweilige Wissenschaftsgemeinde mit seinen kabellosen Lichtschwertern. Er machte wunderbare und zugleich verrückte Erfindungen – von der Kommunikation mit anderen Planeten über die Zweiteilung der Erde bis hin zu Todesstrahlen aus »Hochgeschwindigkeitsmaterie«, die »10 000 Flugzeuge in 400 Kilometern Entfernung« zerstören könnten.[1] Die zuletzt genannte Erfindung bezeichnete Tesla eigentlich als »Friedensstrahl«, da er glaubte, diesen zur Errichtung eines »undurchdringbaren, unsichtbaren Schutzwalls« verwenden zu können, um einen Krieg »unmöglich« zu machen und den Frieden zu sichern.[2]

All dies bietet in der Moderne natürlich den perfekten Nährboden für diverse Verschwörungstheorien hinsichtlich Teslas Arbeit.

Tesla machte viele Erfindungen, die die Welt veränderten, darunter seinen einzigartigen Entwurf für einen Motor mit rotierendem Magnetfeld, der die kommerzielle Nutzung von Wechselstrom ermöglichte, drahtlose Kommunikation über weite Entfernungen und sogar erste »Schattenbilder« – die Vorboten der Röntgenstrahlen. Er streifte auch andere Gebiete; und auch wenn ihm die Vermarktung nicht gelang, schuf er die Voraussetzungen für spätere Entwicklungen, darunter die Fernsteuerung von Schiffen und anderen Geräten (Robotik). Tesla hatte viele grandiose Ideen, die nie verwirklicht wurden. Zu den größten darunter zählten wohl die kabellose Energieübertragung durch die Erde hindurch und eine Strahlenwaffe. Er behauptete auch, mit intelligenten Wesen von der Venus oder vom Mars kommuniziert zu haben.

Tesla starb friedlich in der Nacht vom 7. auf den 8. Januar 1943 im Alter von fast siebenundachtzig Jahren. O'Neill schreibt: »Der Supermann starb so wie er lebte – allein.« Der örtliche Gerichtsmediziner führte seinen Tod auf eine »natürliche Altersschwäche« zurück.[3] Eigentlich wäre dies das Ende der Geschichte, aber es war 1943 und die USA befanden sich mitten im Zweiten Weltkrieg. Die Angst vor Spionen in der Bevölkerung war alltäglich. Vielleicht gab O'Neill den Verschwörungstheorien ihren Anfang, als er schrieb: »Agenten des FBI kamen vorbei, öffneten den Tresor in seinem Zimmer und nahmen die darin befindlichen Dokumente an sich, um sie auf eine angeblich wichtige geheime Erfindung für Kriegszwecke zu untersuchen.«[4] Es folgte eine Reihe mysteriöser Spielchen, die bis heute stattfinden.

Teslas gestohlene Dokumente

In einer Aktion, die Verschwörungstheorien auf den Plan ruft, und mit der fragwürdigen Befugnis des ›US-Verwahrungsbüros für ausländisches Eigentum‹, beschlagnahmte die Regierung Teslas Dokumente und Koffer. Da Tesla fünfzig Jahre zuvor US-Bürger geworden war, wirkte diese Aktion ebenso skurril wie Teslas Eigenarten und Phobien.

Gegenüber: Die Legende zu dieser Abbildung aus *Science and Invention* von 1922 lautet: »Der Krieg in der Zukunft, wie er nach Ansicht Teslas geführt werden wird.«

Die große Paranoia während des Zweiten Weltkriegs führte auch zu gesteigertem Argwohn unter den Verschwörungstheoretikern. O'Neill erwähnte, das FBI habe tatsächlich eine »ziemlich dicke« Akte über Tesla angelegt, was nicht verwunderte, da sich Tesla gern mit Superwaffen, die alle Kriege beenden würden, zu brüsten pflegte.[5]

Tesla bewahrte viele Dokumente im Tresor seiner kleinen Zwei-Zimmer-Suite auf. Welche Geheimnisse enthielten sie? Laut einiger Verschwörungstheoretiker war die Regierung gut informiert und auf diese Dokumente erpicht, um Informationen über Geheimwaffen zu erhalten… oder deren Diebstahl durch die Achsenmächte zu verhindern. Teslas Beziehungen zu Waffenhändlern und Kommunisten über seinen jugoslawischen Neffen und einen deutschen Agitator erregten den Verdacht verschiedener Behörden.[6] Teslas Neffe Sava Kosanović war es gelungen, seinen kränklichen Onkel zu überreden, eine Nachricht an den Kommunistenführer, Marschall Tito, zu senden, der sich für die Vereinigung von Serben und Kroaten einsetzte. Kosanović organisierte für Tesla auch ein Treffen mit dem verbannten jugoslawischen König in New York.[7] Selbst bei berechtigtem Verdacht ist unklar, wo Tesla seine Geheimforschung betrieben haben soll. Im seinem letzten Lebensabschnitt verließ er nur selten das Hotel, und falls doch, versorgte er eher die Tauben im Bryant Park mit Futter als die Regierung mit geheimen Informationen. Der Tesla-Historiker Marc Seifer erörtert faszinierende Details, unter anderem die Aktivitäten des »Vordenkers stetiger Überwachung« J. Edgar Hoover, aber er betont, dass Tesla einen Prototypen des »Todesstrahls« gebaut und ihn in seiner Suite versteckt habe. Dieser Todesstrahl wurde vermutlich von den Geheimagenten mitsamt den Unterlagen gestohlen. Sie tauschten sogar ein harmloses elektrisches Gerät aus, das in jedem Elektroniklabor zu finden ist.[8]

Es ist schwer zu sagen, wie viel davon Wahrheit und wie viel Fantasie ist, doch es steht fest, dass Teslas Unterlagen entwendet wurden und über viele Jahre unter Verschluss gehalten wurden.

Einer Quelle zufolge wurde der Großteil von Teslas FBI-Akte freigegeben und »bietet eine faszinierende Lektüre.«[9] Tesla versuchte tatsächlich, bei der US-Regierung das Interesse an einer Massenvernichtungswaffe zu wecken, die mitunter »Teleforce« genannt wird. Nach

Tesla's Latest Wonder.

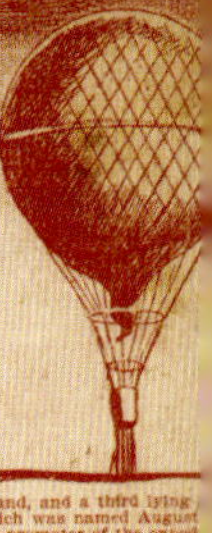

Illustrating the Method by Which Electric Power Is Conducted From One Place to Another Without Wires. The Balloons Act as the Poles of the Dynamos and the Current Flashes Across Through the Rarefied Air.

electrical wonder
out because he has
patents on it in
r countries.
proposes to do
lmost any amount
distance without
t loss. Although
may use the sys-
is mainly intend-

anticipated results
e form it is pro-
that water power
great quantity of
lower courses of
the Sierras; that
be conducted to a
floating a mile or
that there shall
a similar balloon
and that all the
ducted to the first
ithout loss and
balloon over the
shall descend to
ht lamps, etc.
would seem to be
llers and minus
way from the
uget Sound, their
being driven by
w their energy
stations arranged
or so along the

razy idea to some
was a more crazy
an's voice should
away and that a
a mill a hundred
ides Nikola Tesla
nowledged as one
tric experts in the

s a greater wizard
are twin wizards
l of electrical sci-
holly unlike. Edi-
l and he cares for
not make a com-
spur is not devo-
was with Frank-
Galvani and the
Edison's reverse
ges into electrical
entific facts, phe-
principles rather
he looks out for
y are in sight.
tartled the world
Edison, but you
the patent plates
about town. He
ineers marvel by
million volts of
his body and he
light a room bril-
empty glass tube
hand or laid on
connecting wires.
has led the sci-
rd the final mys-
radiation." This
is both scientific

f electric power
natural media"
of this latest in-

sts the new tele-
, which promises
ature of everyday
l day, but the one
fferent from the

graphy an appar-
directions through
nd water a series
as a lighthouse
ht waves. The
are regulated,
paratus, if adapt-
esponds as one
ts like. In this
enomena proceed
sound or ripples
e strikes in the

poses to generate
and pass it all

without loss through the air direct to a distant point, where it may be used for light or power. A comprehension of his invention depends upon an understanding of "voltage."

An electric current may be large in quantity and low in intensity or small in quantity and high in intensity as a stream of water be large in volume and slow of motion or may be small and rapid. A stream of water an inch in diameter will exert more power than a small river if the pressure is great enough.

In handling electricity quantity is reduced to intensity and the reverse by means of "transformers." In long-distance transmission of power the energy is transformed to a high intensity or voltage and then sent over the wires, and where it is received it is again transformed to a lower voltage and greater quantity for use.

Here is another preparatory illustration. Most people have seen electric sparks jump from one brass ball to another in electrical apparatus. The distance these sparks will jump depends not on the amount of electricity generated but on its intensity or voltage.

Now, there are two things which mainly underlie Tesla's new scheme. One is the production of voltages before hardly dreamed of, and the other is the increased conductivity of the air when it is rarefied as it is at high altitudes.

Up to date 15,000 volts has been the measure of the intensity at which electric power has been transmitted over copper wires, though now they are talking of doubling it. Tesla proposes to transmit it without wires at 2,500,000 volts or more. At this voltage a given quantity transmitted would produce about 200 times the ordinary amount of power when reduced with transformers.

It is a well-known laboratory fact that rarefied air is a conductor of electricity, though one of much resistance. The Crookes tubes of X ray fame depend on this principle. With one sweep

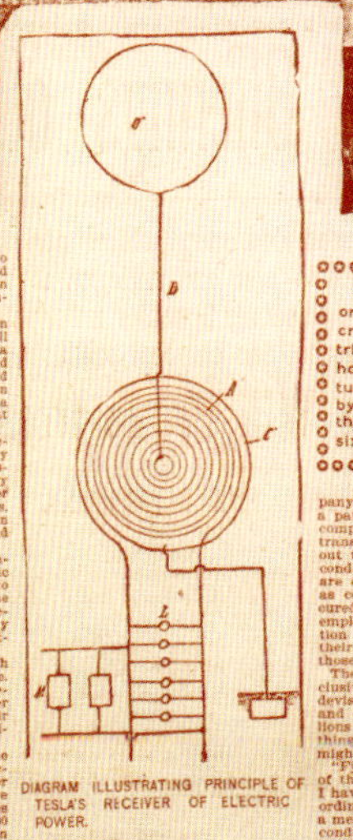

DIAGRAM ILLUSTRATING PRINCIPLE OF TESLA'S RECEIVER OF ELECTRIC POWER.

C 1—Primary coil.
A 1—Secondary coil.
D 1—Receiving terminal supported by balloon.
L M—Lamps and motors energized by transmitted current.

Tesla takes this principle from the laboratories where, only, men have put it to use, and goes up to the clouds with it. He produces a wonderful voltage that will jump an enormous distance in every-day air, and proposes to take it in balloons up to where the air is a sort of natural Crookes tube. In such an altitude it will jump long distances to another terminal, he says, the layer of heavy air below being a non-conductor and resisting it like the rubber wrapping of a wire, for ordinary air is not a good conductor.

Tesla is the pioneer of high voltages. Some time ago he invented an "oscillator," a purely Tesla contrivance, for this purpose. He has been making them bigger and bigger and his last one gets up to 2,500,000 volts. The accompanying illustration shows his latest oscillator in action.

The diagrams illustrate the theory of the apparatus. In the transmitting apparatus A is an insulated high tension coil about a magnetic core. C is a second coil of larger wire. The terminals of both coils are shown. G is the generator or source of current. D is a balloon acting as a terminal itself or a terminal supported by a balloon to which the current passes. The current is supposed to pass through the rarefied upper air from D to D1, a receiving balloon at a great distance. The primary and secondary coils of the receiving apparatus are the reverse of the transmitter. L and M indicate lamps and motors to be energized by the transmitted current.

In the long descriptive text accom-

Tesla's model transformer or "oscillator" in action when creating an effective electrical pressure of two and a half million volts. The actual width of space traversed by the luminous streams from the single terminal is over sixteen feet.

panying the inventor's application for a patent it is said that the invention comprises a novel method for the transmission of electrical energy without the employment of metallic line conductors, but the results arrived at are of such character and magnitude as compared with any heretofore secured as to render indispensable the employment of means and the utilization of effects essentially different in their characteristics and actions from those before used or investigated.

The systems depend, he says, on "exclusively high pressures," but he has devised means to generate with safety and ease pressures measured by millions of volts. Then he states something that electrical engineers know mighty little about. He says:

"First, that with electrical pressures of the magnitude and character which I have made it possible to produce, the ordinary atmosphere becomes, in a measure, capable of serving as a true conductor; second, that the conductivity of the air increases so materially with the increase of electrical pressure and degree of rarefaction that it becomes possible to transmit through even moderately rarefied strata of the atmosphere electrical energy up to practically any amount and to any distance."

If Tesla can bring electrical energy through the air in "any amount and to any distance" he can get a big contract out here in California next week. But for all anybody knows we will soon be sending up balloons about the bay to catch the thunderbolts hurled from balloons away in the mountains, and be laughing at the poor colliers that will have to go into the lumber trade.

"If there be high mountains in the vicinity," says Mr. Tesla, "the terminals should be at a greater height."

Electrical engineers seen yesterday declined to discuss this wonderful proposition for publication just yet, but said that they had no doubt that something of the sort would be done one of these days. It is, in fact, quite likely that future generations will look back with curious interest on these days where people used poles and wires for electricity and pictures and samples will be stowed in museums like old armor and the first steam engines.

Mr. Tesla's invention for handling vessels at sea without there being anybody on board differs slightly from the apparatus for transmitting power across land without the use of wires. In the latter the principle of overcoming resistance by placing the electrode high in air where there is little resistance is made use of. Just what principle is used in the movement of vessels is not clearly explained in the telegraphic reports from the inventor, but it would appear to be some application of the

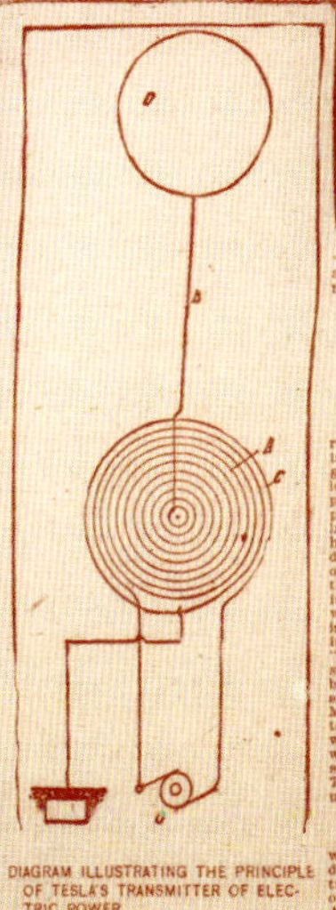

DIAGRAM ILLUSTRATING THE PRINCIPLE OF TESLA'S TRANSMITTER OF ELECTRIC POWER.

A—Primary coil.
C—Secondary coil.
G—Source of electrical energy.
D—Terminal supported by balloon.

principle that causes an X ray to glow even when removed several feet from the static machine. But whatever it is it is one of the greatest wonders of the age and surely destined to revolutionize warfare.

In speaking of his ship moving and handling invention Tesla said:

"Hitherto the only means of controlling the movements of a vessel from a distance have been supplied through the medium of a flexible conductor, such as an electric cable, but this system is subject to obvious limitations, such as are imposed by the length, weight and strength of the conductor which can be practically used; by the difficulty of maintaining with safety the high speed of the vessel or changing the direction of her movements with rapidity; the necessity of effecting the control from a point which is practically fixed, and from many other drawbacks which are inseparably connected with such a system.

"The plan which I have perfected involves none of these objections, for I am enabled by the use of my invention to employ any means of propulsion to impart to the moving body or vessel the highest possible speed, to control the operation of its machinery and to direct its movements from either a fixed point or from a body moving and changing its direction, however rapidly, and to maintain this control over great distances without any artificial connections between the vessel and the apparatus governing its movements, and without such restrictions as these must necessarily impose."

SIX POLAR EXPEDITIONS.

Mr. Wellman's Polar Expedition.

Mr. Wellman's ship, the Fridtjof, has returned from Franz Josef Land, bringing news of the expedition down to August 2. Writing to us on that date, the leader announced the landing of his party at Cape Tegetthoff, and his proposed start for the north a few days later. The voyage to Franz Josef Land had been a successful one. After ten days in the ice Cape Grant was reached on July 27, Cape Flora on the 28th. Here the ship was turned back by ice, reaching Cape Tegetthoff on the 30th, after which the tour of Wilczek and Salm islands was made before the final landing was effected. A house, named "Harmsworth House," as the inner shell was taken from Cape Flora, had been erected at Cape Tegetthoff, but, in spite of the temptation to winter there, Mr. Wellman hoped to be able to adhere to his original plan and push northward to Crown Prince Rudolf Land, wintering there in an improvised hut of stones and snow. The house at Cape Tegetthoff would be of use to fall back upon in case of need.

German Expedition to the Arctic Seas.

The Heligoland, Captain Rudiger, with the German Arctic expedition under Herr Theodor Lerner on board, returned in August to Hammerfest without having discovered any traces of Andree's expedition. Some geographical work has been accomplished in the neighborhood of Kong Karls Land, which, according to published statements, was found to consist of three islands, viz.: Swedish foreland, Jena

Island, and a third lying
which was named August
the promoter of the exped
at variance with the seco
Pike, who, it will be remem
tained that there is but
addition to Swedish for
last is not usually includ
name of Kong Karls Land
much ice and unfavorab
passage was forced by
round the eastern coast o
and a latitude of 81 degre
reached, via the east coa
east Land, the pack ice th
further advance. Success
operations were carried ou
and east in depths of over
In August Scherl Island,
grounds of the ivory gu
with.

Swedish Andree Search

Quoting from the A
Stockholm, the Mouveme
ique (August 21) announc
of M. Stadling, leader o
search expedition, at the
Lena. The expedition ha
New Siberian Islands,
neighborhood of the Anab
girka rivers, without findi
the missing explorer. M.
about to proceed to the
insula, en route for the
same paper also announ
Norwegian navigator, M
had undertaken a journey
Siberian Islands in order
whether the provisions l
von Toll remain intact, b
cent telegram it would
has returned without
his object.

Lieutenant Peary's Ex

The steamer Hope, wh
and other supplies northw
tenant Peary's expediti
from Greenland at the e
having parted from the
Port Foulke, at the entra
Sound. Lieutenant Peary
us from Etah, August 1
the season as far north a
is a late one; he was ju
the attack on Kane B
channel above. So far h
progressed favorably.
board ten picked Eskimo
about sixty dogs, and the
sixty walrus.

Polar Exploration With Ic

At a recent meeting of
Geographical Society Adm
submitted a proposal of
pole by means of powerfu
Steamers specially built
the ice were first resorted
in 1864 by the engineer,
breaking the ice at Kron
ice-breakers have been v
proved in the United Stat
happy idea of providing
that sort with twin screw
and a third screw at th
proved to considerably
breaking powers. More p
ful ice-breakers have bee
in the States and in Engl
strong for Russia, for tra
trains of the Siberian r
Lake Baikal, and for kee
of Vladivostok clear of
ments were made with s
and altogether the the
breakers was worked out
that on the American la
breaker Ste. Marie, 2000
armed with a screw at th
makes her way through
half feet thick, and p
necessary, ice walls fift
feet high; and Russian e
calculated that, in order t
quite sound ice, twelve f
ice-breaker of 52,000 hors
be required.

Mr. Borchgrevinck's Ex

Mr. Borchgrevinck's An
tion sailed on August 22
ern Cross, and its safe a
Vincent has since been an

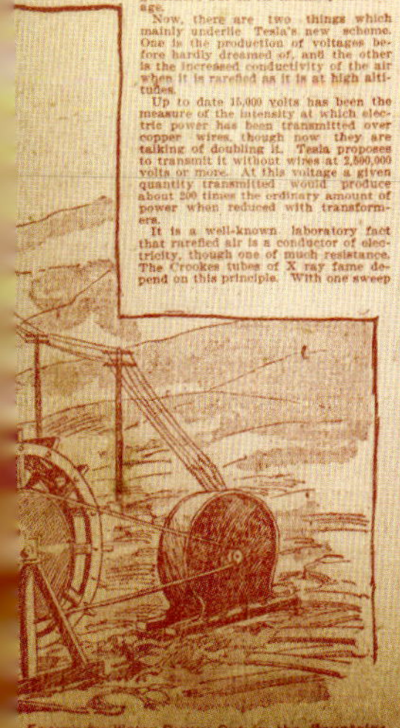

Energy by Water Power Out in the Mountains.

The Same Force Made to Run Factories, Street Cars and Lights in a City Miles Away.

...CREATING A DEATH BEAM THAT COULD DESTROY 10,000 PLANES AT ONCE.

einer Ablehnung stellte er sein Projekt verschiedenen europäischen Regierungen vor. Aber hauptsächlich behandelt die FBI-Akte die Argumente selbsterklärter Interessenvertreter darüber, wer nach Teslas Tod Zugang zu seinen Aufzeichnungen haben solle. Als die Beamten des ›Verwahrungsbüros für ausländisches Eigentum‹ Teslas Tresor leerten, brachten sie den Inhalt in ein Lager mit »mehr als dreißig Fässern Material« – alles Dinge, die bereits über Tesla aufbewahrt wurden.[10]

Es folgten langwierige Diskussionen darüber, wer die Dokumente aufbewahren dürfe. Offensichtlich wollte die US-Regierung sicherstellen, dass keine Informationen über Geheimwaffen in falsche Hände gelangten. Teslas Verwandte und Repräsentanten seines im Wandel befindlichen Heimatlandes Jugoslawien meinten jedoch, dass ihnen seine persönlichen Sachen zustünden. Am Ende gelangten Teslas Dokumente nach Belgrad und werden dort heute im ›Nikola-Tesla-Museum‹ ausgestellt.[11] Ein »Todesstrahl« wurde nie darin entdeckt.

Ermordung durch die Nazis

Laut einer anderen Theorie starb Tesla nicht eines natürlichen Todes, sondern wurde von Nazi-Spionen ermordet. Auf einer Internetseite heißt es: »Die Wahrheit über den Mord an Tesla wurde uns klar, nachdem wir uns einen Vortrag auf YouTube angesehen hatten.«[12]

Ein Mann namens Eric Berman habe herausgefunden, dass seine Ex-Freundin die Tochter des ehemaligen SS-Obersturmbannführers Otto Skorzeny ist. »Eher zufällig« traf er den gealterten Skorzeny, der in den USA unter falschem Namen im Schutz der CIA angeblich als Zimmermann gearbeitet hatte. Dieses Treffen soll in den späten 1990ern stattgefunden haben, auch wenn Skorzeny zwei Jahrzehnte zuvor in Spanien offiziell an Wirbelsäulenkrebs gestorben war. Auf jeden Fall behauptet der Erzähler, er habe ein volles Geständnis von Skorzeny bekommen, der ihm »zur Untermauerung seiner Behauptungen einen Schuhkarton mit mehr als einhundert Fotos« gegeben haben soll. Skorzeny, der zu jener Zeit offiziell gegen die UdSSR kämpfte und sich damals tatsächlich von Granatsplitterverletzungen am Kopf erholte, soll sich stattdessen in New York City aufgehalten und Tesla erdrosselt haben.

Skorzeny und sein Nazi-Gefährte Reinhard Gehlen hatten Tesla mit einem Trick angeblich dazu gebracht, »seine wichtigsten Entdeckungen in vollem Umfang« offenzulegen, wohl um Patentrecherchen zu vermeiden und nicht alle öffentlich zugänglichen wissenschaftlichen Abhandlungen Teslas lesen zu müssen. Nachdem sie Tesla umgebracht hatten, verschafften sich Skorzeny und Gehlen angeblich Zugang zum Tresor und übergaben den Inhalt an Adolf Hitler (der, so die Theorie, noch am Leben war und bis 1997 ein Gehöft in Montana bewohnte).[13]

Der Grund für den vermeintlichen Mord war der Zugriff auf Teslas Erfindungen und Patente, um daraus eine Waffe entwickeln zu können. Der Streit um die Patentrechte – etwas, das damals recht häufig vorkam – wurde scheinbar durch die Tatsache verursacht, dass viele von Teslas Patenten in die Hände der Nazis gefallen waren. Laut dieser Geschichte sollte Tesla nie den verdienten finanziellen Erfolg erlangen, weil seine Technologie »immer wieder gestohlen und an die Deutschen und andere ausländische Regierungen verkauft« wurde.

Für eine Ermordnung Teslas sprach, dass er mit einem feierlich schwarzen Anzug bekleidet und mit verschränkten Armen aufgefunden worden war. Warum haben Skorzeny und Gehlen ihn in einer so offensichtlich seltsamen Situation präsentiert, wenn sie den Mord vertuschen wollten? Es existiert kein Eintrag darüber, dass Tesla nicht in seiner gewohnten Bettwäsche aufgefunden worden wäre.

Es wird auch darauf eingegangen, dass der ehemalige US-Präsident George H.W. Bush eigentlich George H. Scherff gewesen sei – der Sohn von George Scherff, Nikola Teslas langjährigem Assistenten, Buchhalter und ›Mädchen für alles‹. In einigen Versionen der Geschichte wird behauptet, Scherffs Ziel hätte darin bestanden, Teslas Forschungsergebnisse zu stehlen, um den Nazis bei der Zerstörung Amerikas zu helfen. Natürlich bedarf es dafür einiger Voraussicht, wenn man bedenkt, dass der wahre George Scherff seine viele Jahrzehnte währende Arbeit für Tesla lange vor der Machtergreifung der Nazis verrichtet hatte.

Natürlich gibt es eine Fülle handfester Informationen, die belegen, dass diese Verschwörungstheorie nichts weiter als wilde Fantasie ist und ständig weiter ausgeschmückt wird. Sie könnte sich aber auch als wahr herausstellen. Schließlich gibt es Videos dazu auf YouTube.

Im Gespräch mit Außerirdischen

Tesla zog tatsächlich diese Idee in Betracht, als er 1896 andeutete, dass »die Möglichkeit, Marsmenschen anzulocken, eine extreme Anwendung [seines] Prinzips der Ausbreitung elektrischer Wellen war«.[14] In Colorado Springs arbeitete Tesla emsig an der drahtlosen Kommunikation, weil er die Langstreckenübertragung der Radiowellen perfektionieren wollte. Gleichzeitig arbeitete er an der Entwicklung seiner Tesla-Spule und schoss immer wieder starke Blitze in den Himmel. Aber ließ er seine Idee, mit Marsmenschen zu sprechen, wieder aufleben, weil er Signale von einem weit entfernten Planeten empfangen hatte?

THE TIMES: RICHMOND VA. SUN

8

NICOLA TESLA PROMISES
COMMUNICATION WITH MARS.

NICOLA TESLA.

There are thousands of people living in … world to-day who do not believe … inhabited.

They were sent, those marvelous signals, by a human being living and thinking so far away from us, both in space … condition, that we can only ac… …hend him

trade for the year 1899 were nearly 42 millions pounds sterling, which shows good increase.

The British are more than ever paying heed to the "made-in-Germany" cry.

Bank Gave Way. The Italian Government is much perturbed over the covering in of a portion of the promenade known as the Lungotevere Anguillara, on the right bank of the Tiber between the Garibaldi and Cestio bridges, which subsided recently. Alarmed at the possible consequences of the subsidence, the authorities towards midnight ordered the evacuation of the houses in the immediate neighborhood. Next morning the whole stretch of the promenade, a quarter of a mile long, had disappeared, with the pavement, lamp-posts, and trees. Between the river and the gulf thus created stood the massive embankment of solid masonry constructed 15 years ago to prevent the city from inundation. Shortly before 11 A. M. the mass broke up and fell into the stream. The cause of the subsidence is, apparently, the imperfect character of the foundations of the embankment, which at that point, where the river bends sharply, is exposed to the full shock of the current. Owing to the timely precautions of the authorities no lives were lost, but the damage is estimated at several million lire. Consternation prevails among the municipal authorities, who fear lest the entire Tiber embankment, which cost some $25,000,000, may have been seriously undermined by the action of the water.

Religious Freedom The Reichstag was occupied on Wednesday with the first reading debate on the first reading of a toleration bill brought in by the Center or Clerical party. This bill seeks to secure complete religious freedom for all German subjects. In agreement with its provisions, religious bodies which are recognized by any of the German Governments would be entitled to practice their religion without let or hindrance throughout the whole Empire. All limitations placed upon the dispensation of the Sacrament and upon religious propaganda by the laws of particular States would be abolished. Religious societies (orders) would not require to obtain special permission for their foundation or for the exercise of their functions. This last provision involves, of course, the repeal of the law against the Jesuits.

Count von Buelow, the imperial chancellor, declined to support the bill on the ground that it interfered with the Constitutional rights of some of the federated States. But he expressed the hope that all religious inequality would soon disappear.

After a long discussion, in which representatives of all parties defined their attitude towards the bill, it was referred to a committee of twenty-eight members for further consideration.

Cardinal is Fined. Cardinal Langenieux, of Rheims, was recently fined two francs for refusing to obey an order of the Socialist Mayor, which prohibited religious processions on All-Saints' Day. The size of the fine shows what the sympathies of the court were.

Although it is too soon to ascertain full particulars … to the vintage

LEGISLATUR…
NORTH C…

Will Not Get Down…
Aycock is …

PLAN FOR HIS I…

A Large Escort …
Him from Goldsb…
Move For a …
forma…

(Special Dispatch …
RALEIGH, N. C., J… Assembly will hardly… lar work until afte… The Senate Commi… nounced until yester… has not read out th… House. He expects … Monday.

Leaders in both br… bly say that down… be taken up just as … officials are installe…

AYCOCK'…

While the genera… inauguration of G… and other State offi… pleted, the work … so far advanced th… be announced. Th… committee named … ernor Aycock will … Monday afternoon … Governor-elect an… ing on the train … o'clock. They wi… two Goldsboro mi… the Goldsboro Br…

A GRAN…

At the depot th… be met by the … tion Committee w… to the Governor's … fast will be serve… held until 11 o'c… elect constituting … At 11 o'clock t… Yarbrough Hote… with the civic a… the place of i… weather permitt… vised platform … Capitol.

OAT…

The oath of o… Judge Walter … Court.

It is certain … thousand men … rade. It is es… indications the … conditions, be … visitors in the … A large num… General Asser… the North Car… tion last night…

In seinen Notizen erwähnt Tesla, dass er eines Nachts bei der Arbeit in seinem Labor ungewöhnliche Signale aufzeichnete. Anfangs dachte er, es handle sich um weißes Rauschen, aber dann stellte er fest: »Die Veränderungen entsprachen einer periodischen Abfolge mit einem so klaren Hinweis auf Zahlen und Ordnung, dass sie auf keinen mir damals bekannten Ursprung zurückzuführen waren.« Tesla war sich sicher, dass die Variationen nicht von bekannten elektrischen Störungen, wie etwa von Sonne, Nordlichtern oder Erdströmen, verursacht wurden. Spätere Behauptungen anderer, dass er lediglich atmosphärische Störungen aufgenommen hätte, wies er zurück.[15] Es war etwas anderes:

»Einige Zeit darauf kam mir der Gedanke, dass die von mir beobachteten Störungen von einer Intelligenz gesteuert worden sein könnten. Obwohl ich die Bedeutung dieser Störungen nicht entschlüsseln konnte, war es mir unmöglich zu glauben, dass sie völlig zufällig auftraten. In mir wächst fortwährend das Gefühl, dass ich als Erster das Grußwort eines Planeten für einen anderen vernahm. Diese elektrischen Signale hatten ein Ziel…«[16]

Zurück in New York verwarf Tesla diesen Gedanken weitgehend, weil ihn »wichtigere Arbeiten« beschäftigten, etwa die Finanzierung von Wardenclyffe. Er war aber weiterhin davon überzeugt, dass es »weder ein überwindbares Hindernis für den Bau einer Maschine zur Übermittlung von Nachrichten zum Mars, noch große Probleme beim Aufzeichnen von Signalen gibt, die man uns von dort sendet«. Tesla vermutete, die Marsmenschen seien »geschickte Elektriker«.[17]

Das Buch *Return of the Dove* von Margaret Storm steigerte das Interesse an der Theorie. Später behauptete Arthur Matthews in *Wall of Light: Nikola Tesla and the Venusian Spaceship*, dass Tesla nicht nur mit Außerirdischen gesprochen hätte, sondern selbst einer gewesen sei![18]

Ob Tesla tatsächlich Signale von Mars oder Venus empfangen hatte, ist äußerst fraglich, aber die Vorstellung, er käme von der Venus, kann nur auf reiner Fiktion beruhen. Wahrscheinlicher ist, dass er weißes

Rauschen, Radiosignale natürlichen Ursprungs oder Signale anderer Forscher, die ihre Funkapparate testeten, empfangen hat.[19] Auf jeden Fall dachten viele nach dieser Enthüllung, dass Tesla wohl mehr als nur ein wenig verschroben war. Und während Tesla mit der Zeit immer eigenartiger wurde, hat es – soweit wir wissen – keine weiteren Signale von Außerirdischen auf anderen Planeten mehr gegeben.

Wirft Tesla die Welt ab?

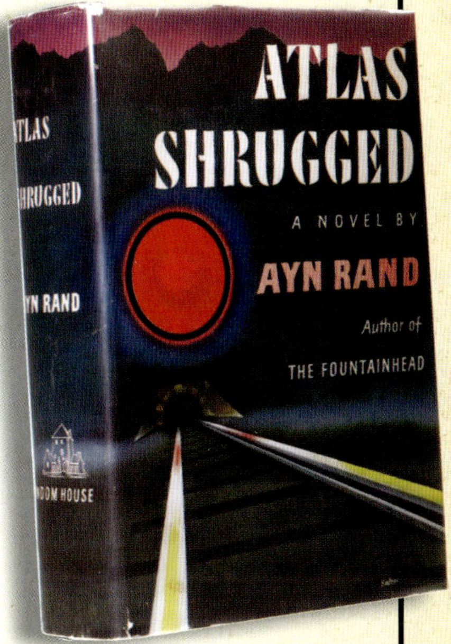

Besonders interessant erscheint, dass Ayn Rands fiktive Figur John Galt aus ihrem einflussreichen Roman *Atlas wirft die Welt ab* zumindest teilweise Nikola Tesla nachempfunden ist.[20] Galt hat Physik studiert, wird Ingenieur und entwirft einen revolutionären neuen Motor, der von statischer Elektrizität angetrieben wird.[21] Es enttäuscht ihn, dass sein Arbeitgeber den Kollektivismus akzeptiert, er kündigt und lässt seinen Motor zurück.

Die Handlung spielt mit Nikola Teslas wahrer Geschichte, wobei einige Spekulationen fernab der Tatsachen liegen. Auch Tesla hatte Physik studiert, wurde Elektroingenieur, entwarf seinen neuen Wechselstrommotor und experimentierte mit statischer Elektrizität. Und wie Galt war auch Tesla enttäuscht von dem Korporatismus bei seiner Arbeit für Edison.

Rand spielt sogar auf Tesla-Spulen an: »Zuerst bemerkte ich die Spule […]. Vor langer Zeit versuchten diese Männer, einen Motor zu erfinden, der statische Elektrizität aus der Atmosphäre anziehen, sie umwandeln und eigene Energie erzeugen kann.«[22] Auch wenn es zwischen der Figur Galt und Tesla klare Unterschiede gibt, liegen diese sicherlich im normalen Bereich des kreativen Schreibens. Schließlich ist *Atlas wirft die Welt ab* ein Roman.

Der Kerngedanke dieses Buchs ist, dass sich John Galt für die Erzeugung von etwas interessiert, das man »freie Energie« nennen kann. Damit ließen sich nahezu alle Kosten für die Erzeugung, Übertragung und Nutzung von elektrischem Strom abschaffen. In seinem Labor in Colorado Springs hatte Tesla seine »terrestrischen stehenden Wellen« entdeckt. Die Erde könne Energie übertragen – wie ein Leiter, reaktionsfähig und kontrollierbar wie eine Stimmgabel, so Tesla. Er nutzte dieses Wissen, um zweihundert Lampen kabellos zum Leuchten zu bringen. Bei seiner Rückkehr nach New York plante Tesla in Wardenclyffe die Entwicklung kabelloser Kommunikation und Energieversorgung. Letztere ließe sich über die Erdoberfläche erreichen.

Der Bezug zu John Galt (Erzeugung kostenloser Energie aus statischer Elektrizität) wird bisweilen auf Wilhelm Reich erweitert. Reich behauptete, etwas entdeckt zu haben, das er als »Orgon« bezeichnete – eine physikalische Energie, die in jeder lebenden Materie und der Atmosphäre enthalten ist. Er glaubte, dass dieses »Orgon« eine »freie, nutzbare Energie« erzeugen könne.[23] Galt, Reich und Tesla entdeckten diese Energie. Warum müssen wir trotzdem für den verbrauchten Strom zahlen und nach einem Sturm auf die Behebung von Schäden warten? Laut Verschwörungstheoretiker sehen die Entscheidungsträger in Politik und Wirtschaft durch die »freie« Energie ihren Gewinn bedroht.

Links: Eine Tesla-Spule
Gegenüber: Spulen reagieren auf elektrische Schwingungen

»Freie Energie« unter Verschluss

Hartnäckig hält sich die Theorie, dass Tesla einen Weg gefunden habe, die Menschheit mit »freier Energie« zu beliefern, und dass diese Entdeckung bewusst geheim gehalten werde, weil die Großkonzerne um den Verlust des Geschäfts mit der Energieversorgung bangten. Tatsächlich arbeitete Tesla an einer Methode, Energie aus natürlichen Quellen wie kosmischer Strahlung und der elektrischen Ladung der Erde zu gewinnen. Er habe dieses Vorhaben kurz vor seinem Tod umsetzen können, was jedoch in Anbetracht seiner schwindenden körperlichen und geistigen Kräfte nur wenig glaubwürdig erscheint. Die kostenlose Energie oder die ›Todestrahlen‹ waren der Grund, aus dem das FBI nach seinem Tod die Dokumente aus der Hotelsuite beschlagnahmte.[24]

Die freie Energie soll auch der Grund gewesen sein, warum J. Piermont Morgan seine Finanzierung von Wardenclyffe einstellte. Er konnte mit kostenloser Energie kein Geld verdienen; er hatte auch in

das Kupfer investiert, das für Transformatorspulen und Fernleitungen verwendet wurde. Auch wenn Morgan ein skrupelloser Geschäftsmann war, räumte Tesla selbst den Mythos aus, Morgan hätte Wardenclyffe wegen der kostenlosen Energie stillgelegt; auch merkt er an: »Es wäre höchst unangemessen, mehr Engagement von ihm zu erwarten.«[25]

Offenbar sind viele Menschen seit langem davon überzeugt, dass die Regierung oder die Bankiers ein Komplott schmiedeten, um eine allgemeine kostenlose Energieversorgung zu unterbinden. Unsere Abhängigkeit von fossilen Brennstoffen wäre beendet; es gäbe unbegrenzte Mengen kostenloser Energie. Die Menschen mögen diese Idee.

Für einige von ihnen erhärtet sich der Verdacht, dass die Regierung Teslas Erfindungen geheim hielt. In dem einstündigen YouTube-Video »The Energy Lie (What the Energy Cartels Don't Want You to See)« wird erklärt, dass viele Erfindungen von Nikola Tesla, Marco Rodin, Stan Meyers und anderen bewusst unter Verschluss gehalten worden seien.[26] Die Energiekrise sei eine Lüge, und »in einer zivilisierten Welt darf die Geheimhaltung des technologischen Fortschritts nicht geduldet werden«. Natürlich ist nach dieser Theorie die Gier der Hauptgrund für die Geheimhaltung, und »was richtig ist, ist nicht immer profitabel«.

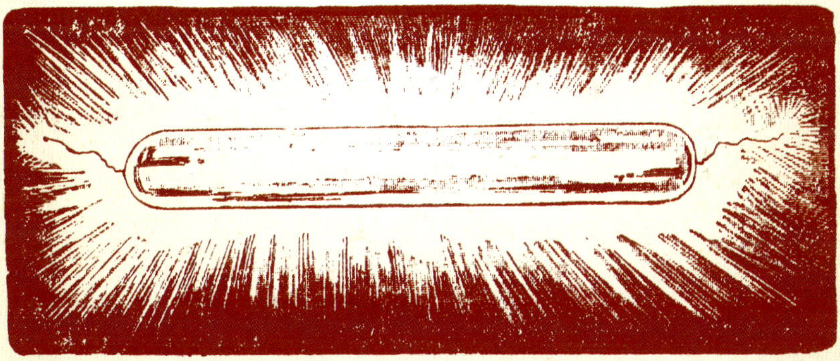

Ein Problem an dieser Denkweise ist jedoch, dass Tesla niemals behauptete, er habe tatsächlich freie Energie erzeugt. Er erforschte die Möglichkeit, Energie aus kosmischer Strahlung bzw. Sonnenenergie zu gewinnen.[27] Außerdem versuchte er mit seinem Projekt in Wardenclyffe, die Energie der Erde nutzbar zu machen. Ein großer Generator sollte

Oben: Abbildung aus einer Zeitung über Teslas »künstliches Licht«
Gegenüber: Teslas Oszillator mit violetten »seetangähnlichen« Strömen an der Spitze der Spule.

auf die harmonischen Schwingungen aus dem Raum zwischen Erdoberfläche und Ionosphäre abgestimmt werden. Die Energie würde dann stehende Wellen bilden, wie jene, die Tesla in Colorado Springs entdeckt haben wollte, und könnte dann weltweit zwischen Türmen übertragen werden. Auf diese Weise ließe sich der Raum mit elektromagnetischer Energie füllen, aus der jeder die benötigte Energie »herunterladen« könnte.[28] Die Energie müsste zwar erzeugt werden, könnte aber »frei übertragen« und kabellos direkt angezapft werden.

Teslas Idee von der günstigen, leicht verfügbaren Energie war anscheinend weder technisch plausibel noch finanziell realisierbar und wurde nicht verwirklicht. Verschwörungstheoretiker werden sich dennoch weiter über die Geheimhaltung beschweren. Vielleicht werden wir eines Tages auch die Möglichkeit zur Nutzung freier Energie finden. Die Solarenergie mag dafür ein geeigneter Ausgangspunkt sein.

Tesla und HAARP

Eine Verschwörungstheorie entsteht besonders leicht, wenn in einer abgelegenen Region ein geheimes, von Regierungsbehörden geleitetes Programm ins Leben gerufen wird. Das HAARP (»High Frequency Active Auroral Research Program«) ist ein solches Programm. Es hat seinen Sitz in Alaska und wird von der US-Luftwaffe, der Marine, der DARPA (»Defense Advanced Research Projects Agency«) und der University of Alaska finanziert. Offiziell ist es die »führende Einrichtung zum Studium der Ionosphärenphysik und der Radiowissenschaften«. Hauptaufgabe von HAARP ist es, die Eigenschaften und das Verhalten der Ionosphäre zur »Verbesserung von Kommunikation und Überwachungssystemen für zivile und militärische Zwecke«[29] zu verstehen.

Das klingt etwas mysteriös, aber wo ist der Bezug zu Tesla? Es herrscht die Vorstellung, dass HAARP die von Tesla erfundene Partikelstrahlwaffe – wahrscheinlich den vom FBI oder den Nazis direkt nach seinem Tod entwendeten »Todesstrahl« – heimlich perfektioniert hat. Diese ionosphärische Waffe wäre in der Lage, feindliche Flugzeuge (oder Raumschiffe) und ballistische Raketen aus Russland oder anderswo abzuschießen. Theoretiker mutmaßen sogar, ein Stromstrahl könne jede Anlage zerstören, ganz gleich wo auf dem Planet sich diese befindet; unklar ist nur, wie dieser Strahl die Krümmung der Erde überwinden würde.[30] Um HAARP ranken sich auch andere Verschwörungstheorien: Durch Manipulation des Wetters und Umkehr der Magnetpole der Erde würden Naturkatastrophen wie Erdbeben erzeugt.[31]

Tatsächlich ist HAARP eine Forschungseinrichtung, in der Wissenschaftler Methoden entwickeln, um ionosphärische Effekte abzuschwächen und die Leistung von Kommunikations- und Navigationssystemen zu verbessern. Aber »Todesstrahlen« sind viel interessanter.

Diebstahl von Teslas Nobelpreis

Trotz ihrer Produktivität und ihres Beitrags für die Zukunft der modernen Elektrizität erhielten weder Thomas Edison noch Nikola

Gegenüber: Der ionosphärische Forschungskomplex von HAARP in Gakona, Alaska

Tesla jemals den Nobelpreis. Manche behaupten, Tesla sei der Preis wegen Edison »gestohlen« worden. Die Wahrheit war aber noch komplizierter als diese Verschwörungstheorie.

Mit der Erfindung von Dynamit war Alfred B. Nobel reich und berühmt geworden. Er hatte verfügt, dass sein Vermögen für eine Serie von Preisen verwendet werden solle, die denjenigen verliehen werden sollte, die auf dem Gebiet der Physik, Chemie, Medizin, Literatur und des Frieden »den größten Nutzen für die Menschheit« erbringen würden. Jedes Jahr bestimmt ein Komitee die Preisanwärter in jeder Disziplin.

1915 waren Tesla und Edison auserwählt, sich den Nobelpreis in Physik zu teilen. Zumindest berichtete dies die *New York Times* am 6. November desselben Jahres, basierend auf einem Bericht von Reuters.[32] Als sie von Reportern dazu befragt wurden, stellte sich heraus, dass weder Tesla noch Edison eine offizielle Benachrichtigung der Nobelpreisorganisation erhalten hatte. Trotz dieses recht offensichtlichen Hinweises verbreitete sich die Nachricht wie ein Lauffeuer in den Medien. Leider stellte sich die Meldung als unwahr heraus. Ein paar Tage später verlieh das Nobelpreiskomitee den Physik-Nobelpreis an Sir William Henry Bragg und seinen Sohn William Lawrence Bragg für die Erforschung der Kristallstrukturen mittels Röntgenstrahlen.[33]

Einer Mutmaßung zufolge hatte das Nobelpreiskomitee die Verleihung wegen der Feindschaft zwischen Tesla und Edison widerrufen. Dafür gibt es keine Beweise, und das Nobelpreiskomitee hätte einen Preis nicht zurückgezogen, nur weil die Nominierten seine Ablehnung erwägten; außerdem waren weder Edison noch Tesla über ihre Nominierung informiert worden. Seltsamerweise behauptet O'Neill: »Auch wenn die genauen Ereignisse nicht bekannt sind, […] steht definitiv fest, dass Tesla die Annahme des Preises verweigerte.«[34] Außer dieser Erklärung des Tesla-Kenners gibt es dafür keine Belege. Die Tatsache, dass O'Neill auch das Jahr falsch angab (1912 anstelle von 1915), lässt auch Zweifel an seiner Behauptung aufkommen.

Die berufliche Beziehung von Tesla und Edison war eindeutig schwierig. Anfangs speisten sie noch zusammen, später aber waren

Gegenüber: Tesla in der Nähe einer Spule in seinem Labor an der East Houston Street

Teslas Sieg im ›Krieg der Ströme‹, die Erfolge bei der Weltausstellung in Chicago und die Niagara-Verträge sicherlich Gründe für Edison, seinen Kontakt zu Tesla einzuschränken.

Charakterlich waren beide sehr unterschiedlich. Edison war Autodidakt, während Tesla gute Schulen besucht hatte. Edison praktizierte die Methode von Versuch und Irrtum, wohingegen Tesla manchmal über Jahre eine Theorie in seinem Kopf entwickelte, bevor er ein Experiment machte. Als Edison starb, schrieb Tesla über Edison:

»Er war höchst ineffizient. Es musste viel unternommen werden, um irgendein Ergebnis zu erhalten – es sei denn, der Zufall kam dazwischen. Anfangs verfolgte ich fast mitleidig seine Taten, da ich wusste, dass etwas Theorie und Berechnung ihm 90% der Arbeit erspart hätten.«[35]

In Wirklichkeit ist alles auf eine Falschmeldung der Medien zurückzuführen. Noch vor dem Prüfen der Fakten wurde die Geschichte aufgebauscht. Tesla kam dem Nobelpreis übrigens mehrmals nahe, erhielt ihn aber nicht. 1901 wurde Wilhelm Conrad Röntgen der Nobelpreis für die Entdeckung der Röntgenstrahlen verliehen, obwohl Teslas Arbeit mit »der besonderen Strahlung« Röntgens Arbeit vorausgegangen war. 1909 erhielt Guglielmo Marconi den Nobelpreis für die Erfindung des Radios, obwohl Jahre später festgestellt wurde, dass Tesla diese bahnbrechende Erfindung gemacht hatte. 1934 erhielt Frederick Joliot-Curie, der Schwiegersohn von Marie Curie (zweifache Nobelpreisträgerin), den Nobelpreis für die Entdeckung der künstlichen Radioaktivität, die Tesla bereits drei Jahrzehnte vorher beschrieben hatte, für die er aber weder Auszeichnung noch Anerkennung erhalten hatte.[36]

Inspiriert durch Teslas erstaunliche Erfindungen und seinen vielen Eigenarten, gibt es noch viele weitere Verschwörungstheorien. Gemeinsam mit Teslas wissenschaftlichen Theorien sind diese Verschwörungstheorien das Vermächtnis dieses großen Erfinders.

(No Model.)

N. TESLA.
ALTERNATING MOTOR.

No. 555,190. Patented Feb. 25, 1896.

Fig. 1

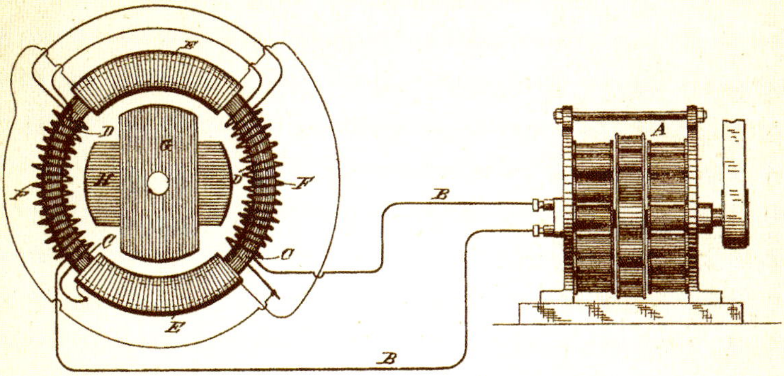

Fig. 2

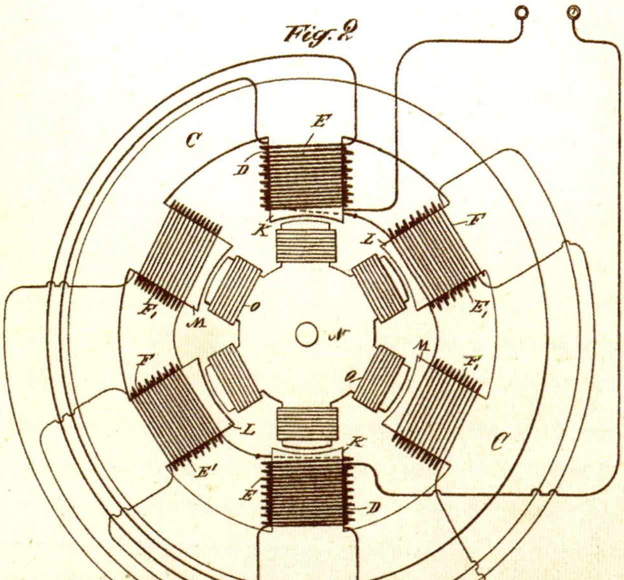

Witnesses:
Raphaël Netter
Robt. F. Gaylord

Inventor
Nikola Tesla
by
Duncan, Curtis & Page
Attorneys.

KAPITEL
AMPERE
9

DAS VERMÄCHTNIS

Tesla starb einsam in seiner Zwei-Zimmer Suite – Zimmer 3327 in der dreißigsten Etage (beides teilbar durch drei) – in einem New Yorker Hotel im Zentrum von Manhattan, unweit von Penn Station und Madison Square Garden. Nur ein paar Monate zuvor hatte das Verfassungsgericht sein Originalpatent bestätigt und somit Tesla für die Erfindung des Radios Anerkennung gezollt. Bedauerlicherweise geschah dies lange nachdem Marconi 1909 für die von Tesla »geliehenen« technologischen Ideen den Nobelpreis erhalten hatte. Auch wenn er mehr als fünfzig Jahre zuvor in den USA eingebürgert worden war, ruht Teslas Asche heute in einer Urne in der Form einer »Tesla-Kugel« im Belgrader Nikola-Tesla-Museum.[1]

Im Laufe seiner fast siebenundachtzig Lebensjahre bereiste er von den bescheidenen Anfängen in seiner Heimat die gepflegten Straßen von Budapest, Paris und New York. Später wirkte er in einer der wohl großartigsten Epochen der Erfindung, die die Welt je gesehen hat. In seinem Bestreben, einen Beitrag für das Gemeinwohl der Welt zu leisten, gerieten Teslas Errungenschaften – und Tesla selbst – zunehmend in Vergessenheit. O'Neill schrieb:

»Tesla erschloss erfolgreich riesige Wissensreiche. Seine Entdeckungen präsentierte er der Welt in so hohem Tempo und mit einer so lässigen Art, dass es schien, als habe er den Verstand der Wissenschaftler seiner Zeit betäubt. Er war zu beschäftigt, um sich über die technische und kommerzielle Anwendung seiner neuen Entdeckungen Gedanken zu machen. In seiner Vision gab es zu viele andere wichtige Dinge, die noch ans Licht befördert werden mussten. Seine Entdeckungen visualisierte er lange vor ihrer Verwirklichung im Labor in seinem Geiste.«[2]

Auch wenn er nicht unbedingt die gebührende Anerkennung für seine Entdeckungen erhielt, erwies er der Menschheit einen enormen Dienst. Zu seinen Erfindungen, Verbesserungen von Erfindungen und innovativen Ideen als Grundlage für spätere Erfindungen gehören:

- Ein verbesserter Lautsprecher für das im Entstehen begriffene Telefon
- Das rotierende Magnetfeld
- Das komplette Wechselstromsystem mit Generatoren, Transformatoren und Motoren, die die Grundlage für das heutige Stromnetz bilden
- Der Wechselstrom-Induktionsmotor
- Die hydroelektrische Generatoranlage an den Niagarafällen
- Die Tesla-Spule
- Die kabellose Telegrafie (Funk)
- Neonlampen und andere fluoreszierende Lampen
- Die Vakuumröhre
- Die kabellose Beleuchtung
- Die Grundlagen des Radars
- Schattenbilder und die Grundlagen der Röntgenstrahlen
- Der Wankelmotor
- Die schaufellose Turbine
- Ferngelenkte (funkgesteuerte) Waffen, Schiffe und U-Boote
- Die Grundlagen der Robotik (Teleautomaten)
- Die Entwürfe für den Senkrechtstarter
- Die Teilchenstrahlenwaffe
- Stehende Wellen/die ionosphärische Energieübertragung[3]

Gegenüber: Robert Underwood Johnson hält eine Schlinge mit Glühlampe; Tesla am Stromschalter

Tesla war seiner Zeit zweifellos weit voraus. Viele seiner Ideen schienen unmöglich, wahnsinnig oder unlogisch. Andererseits sind es vielleicht gerade diese Ideen, die einen großen Erfinder ausmachen, weil er bereit ist, seine visionären Ideen abseits der Vernunft schweifen zu lassen. Edison, Tesla und nahezu alle anderen Erfinder beschritten zunächst den falschen Pfad, bevor sie den Weg in die Zukunft fanden. Als Tesla seine grandiosen Ideen zum weltweiten Funkübertragungssystem in Wardenclyffe entwickelte, gefiel ihm auch der Gedanke, dass:

»ein günstiger Empfänger, nicht größer als eine Uhr, [jedem Inhaber eines Telefonanschlusses] ermöglichen kann, überall auf dem Land oder zu Wasser entfernt gesprochene Worte oder gespielte Musik zu vernehmen.«[4]

Bereits in Budapest hatte Tesla einen Lautsprecher oder Verstärker entwickelt – ein Vorläufer der heutigen Funktelefone. Damals patentierte er die Erfindung nicht. Später erzählte er Katharine Johnson, dass »die Zeit kommen wird«, wo man »mit Hilfe eines Geräts für die Hosentasche und eines in den Boden gesteckten Kabels aus jeder Entfernung über ein ähnlich eingestelltes Gerät mit Freunden kommunizieren kann«.[5] Einhundert Jahre später betrachten wir unsere Smartphones als

selbstverständlich, kommunizieren mit anderen kabellos oder hören Musik, die von Satelliten über Funk aus aller Welt ausgestrahlt wird.

Am stärksten identifiziert wird Tesla vermutlich mit der Tesla-Spule. Diesen unter Hochspannung stehenden, hochfrequenten Schwachstrom-Resonanztransformator verwendete Tesla für fast alles – von der Beleuchtung über Schattenbilder bis hin zu kabelloser Telegrafie. Er lieferte den Strom für Hochfrequenzlampen – den Vorgänger der heutigen kompakten Fluoreszenzlampen. Später schuf Tesla damit die Voraussetzungen für die Funk- und Radiotechnik.[6] Kommerziell verwendet wurde die Spule bis in die 1920er Jahre.[7] Die von den Spulen erzeugte Energie war u.a. »ein essentielles medizinisches Instrument, um die unteren Körpergewebe mühelos zu erwärmen« und gelegentlich auch ein elektrochirurgisches Instrument, das nach einem Schnitt die Wunde sofort kauterisiert, um den Blutverlust zu begrenzen.[8]

Heute werden Tesla-Spulen meist für pädagogische Zwecke und zur Unterhaltung eingesetzt. In vielen Museen weltweit gibt es sie (bis zu einer Spannung von 1,5 Millionen Volt), und ihre beeindruckenden Blitze begeistern Kinder und Erwachsene. Auch Hobbybastler haben die Spule für sich entdeckt; sie treffen sich bei »Spulen«-Kongressen, um ihre selbstgebauten Prachtstücke auszustellen.[9] Die Tesla-Spule hat es sogar bis in die Welt des Profihockeys geschafft. Das Team ›Tampa Bay Lightning‹ aus der ›National Hockey League‹ besitzt eine Spule, die sich von oben herabsenkt, wenn das Spielfeld sich verdunkelt, und gibt während der Vorstellung der Spieler der Heimmannschaft Blitze ab.[10]

Popkultur

Schon immer haben Nikola Tesla und seine Spulen die Popkultur inspiriert. In den USA und anderswo wurde und bleibt er deshalb ein Idol der Popkultur. Neben Dokumentarfilmen über verstorbene Wissenschaftler erscheint Tesla in Büchern, Comics, Filmen sowie Fernseh- und Radiosendungen. Mit Hochfrequenzzyklen unterschiedlicher Geschwindigkeit und Dauer lässt sich mit Tesla-Spulen elektronische Musik erzeugen. Künstler wie *Björk* und *Arc*

Vorherige Seite: Doppelt belichtetes Werbefoto von Tesla im Labor in Colorado Springs, 1899

Attack haben derartige Musik verwendet.[11] Die Rockband *Tesla* dankt ihren Namen dem großen Elektriker. Ihr Debütalbum trägt den Titel *Mechanical Resonance*, als Anspielung auf Teslas Leben. Das Folgealbum heißt *The Great Radio Controversy* mit Bezug auf den Konflikt um den wahren Erfinder des Radios – Marconi, der die Anerkennung (und den Nobelpreis) erhielt, oder Tesla, dessen frühere Forschung vergessen wurde, da Marconi lange Zeit die Geschichtsbücher prägte.[12]

Mögen Sie eher New Age-Musik? Vielleicht gefällt Ihnen *Balkan Routes Vol. 1: Nikola Tesla* von 2011.[13] Wenn Sie auf russischen Synthie Pop oder New Wave stehen, dann wäre *Tesla Boy* etwas für Sie – die Band benannte sich nach dem Lied über einen Jungen, der zwar Strom leiten, ihn aber nicht kontrollieren konnte.[14] Sie tanzen gern? Dann tun Sie dies nach *Nikola Tesla at the Wardenclyffe Tower* von Mademoiselle Bistouri und Daniele Santini.[15] Mögen Sie die Oper? Jessica Lennick und Daniel Paul Lawson komponierten und sangen 2010 eine ungewöhnliche Arie. Sie beschreiben ihre Inspiration so:

»Da er fest an den Zusammenhang von Genie und Enthaltsamkeit glaubte, mied Tesla die Frauen. Lieber fütterte er die Tauben und pflegte sie in seinem Hotelzimmer. Seine beste Freundin war eine weiße Taube, die ihn täglich am Fenster seines Hotelzimmers besuchen kam. In Momenten des Deliriums glaubte Tesla, die Taube besitze ein mystisches Wissen und könne mit ihm kommunizieren; und er verkündete seinen Freunden, er sei in sie verliebt. Eines Nachts flog sie dem Tode nah zu Tesla, und bevor sie in seinen Armen starb, erstrahlten ihre Augen laut Tesla in einem Licht, das heller war als alles, was er in seinem Labor je erzeugt hatte. In diesem Moment sei ihm bewusst geworden, dass sein Lebenswerk vollendet war.«[16]

Sie mögen keine Musik? Eine schnelle Suche auf Amazon zeigt, dass man eine Menge Spielzeug und Spiele mit Bezug zu Tesla kaufen kann, darunter eine Wackelkopffigur (komplett mit Tesla-Spule in der Hand), eine Fingerpuppe und Puzzles. Für etwas mehr als zweihundert Euro können Sie sogar eine Tesla-Spule (fünfzigtausend Volt) erwerben.[17] Bei T-Shirts können Sie aus fast dreißig Tesla-Motiven wählen.[18] Oder sollen es Nikola-Tesla-Football-Sammelkarten (in fünf Ausführungen) sein?[19] Sie können auch Poster, Becher, Tassen, Wanduhren, Drucke, lebensgroße Pappfiguren und natürlich violette Nikola-Tesla-Teller mit positiver Energie für Heim und Küche bestellen. Wie wäre es mit einem handgefertigten Stuhl aus Recycling- und Spezialholz – komplett mit Nikola-Tesla-Grafik auf Vorder- und Rückseite?[20] Und vergessen Sie nicht Ihr Tesla-Mauspad für den Computer im Büro (oder Labor). Oder zocken Sie gern? Laden Sie sich eines der Nikola-Tesla-Spiele für Ihr Smartphone herunter!

Tesla im Kino

Tesla bot Inspiration für viele populäre Filme. Kommt er nicht selbst als Figur darin vor, tauchte in irgendeiner Szene seine Tesla-Spule auf. Am einprägsamsten sind die Spulen wohl in Boris Karloffs Klassiker *Frankenstein*; die von ihnen im Labor abgefeuerten Blitze umkreisen das Schloss und fahren in den Körper des Monsters, um es zum Leben zu erwecken.[21] Tesla soll mindestens eine der Tesla-Spulen für das Filmset gebaut haben. Als der Film 1931 herauskam, war Tesla bereits fünfundsiebzig Jahre alt und öffentlichkeitsscheu. Karloff hatte große Angst, durch einen Stromschlag getötet zu werden und weigerte sich, die Szene zu spielen, in der das Monster zum Leben erweckt wird – Kenneth Strickfaden, der Verantwortliche für elektrische Effekte, musste ihn doubeln.[22]

Tesla ist eine Hauptfigur im Film *Prestige – die Meister der Magie* aus dem Jahr 2006, mit Hugh Jackman, Christian Bale,

Scarlett Johansson und Michael Caine.[23] Wie es seinem Rockstar-Image entspricht, wird Nikola Tesla von niemand anderem als David Bowie gespielt (von dem auch gesagt wird, dass er im Film *Der Mann, der vom Himmel fiel* seinen außerirdischen Charakter Tesla nachempfunden hat).

Im Mittelpunkt von *Prestige – die Meister der Magie* steht der Kampf zweier Magier um Ruhm und Vermögen Anfang des zwanzigsten Jahrhunderts. Jeder versucht, den anderen mit neuen Tricks zu übertreffen. Als einer sich scheinbar an zwei Orten gleichzeitig aufhalten kann, sucht sein Rivale den mysteriösen Nikola Tesla in seinem Labor in Colorado Springs auf. Zunächst mutet Teslas elektronisches Gerät nicht wie »Zauberei« an. Oder doch? Bald darauf erschließt sich dem Magier und dem Tesla-Doppelgänger das Geheimnis, jedoch nicht dem Kinopublikum. Zuletzt scheint Teslas Magie die verblüffendste von allen zu sein – eine Magie, die keiner der beiden Magier nachahmen kann.

Sie können Nikola Tesla auch als Wissenschaftler – halb Mensch, halb Vampir – in der Science-Fiction-Serie *Sanctuary – Wächter der Kreaturen* erleben.[24] Darin bemüht sich Dr. Helen Magnus, die »Abnormen« – eine Gruppe rätselhafter, legendärer und abnormer Tiere/Menschen mit außergewöhnlichen Kräften – zu schützen. Die Figur des Nikola Tesla besitzt, wenig überraschend, die Fähigkeit, die Elektrizität zu kontrollieren. Er hat eine Vorliebe für Menschenblut und edlen Rotwein. Er wird getötet, dann wiedererweckt, macht den gefürchteten Lazarus-Virus unschädlich, infiziert reiche Jugendliche mit einem Mittel, das sie langsam in Vampire verwandelt, und leitet aus der Area 51 die Taskforce der Regierung gegen die »Abnormen«. Es ist fraglich, ob der wahre Nikola Tesla seinen Spaß daran gehabt hätte.

Auf YouTube gibt es Hunderte Videos über Tesla und seine Erfindungen. Von Verschwörungstheorien bis zu Ehrungen des fast vergessenen Erfinders des Radios und der Tesla-Spule ist alles dabei. Eine außergewöhnliche Hommage an Tesla ist die des Meister-Illusionisten Marco Tempest im Rahmen der TED-Vortragsreihe.[25] Tempest verwendet darin die Prinzipien des Tanagra-Theaters (eine beliebte Methode Anfang des zwanzigsten Jahrhunderts), bei der eine Serie von Spiegeln zum Einsatz kommt, um das kleine Abbild eines hinter den Kulissen stehenden Schauspielers auf die Bühne zu projizieren.

Tempest und sein Team verbinden anspruchsvolle computergenerierte Projektionen mit einem aufwendigen Klappbuch und erzählen die Geschichte von Nikola Tesla, »dem größten Streber aller Zeiten«.[26] Tempest nutzt seine Phantasie, sein Bühnentalent und Hightech-Bildschirme, um Tesla zum Leben zu erwecken, seine Probleme und Sorgen zu offenbaren. Alles in sehr unterhaltsamen fünf Minuten.[27]

Energie aus der Natur

»Anscheinend war ich meiner Zeit schon immer voraus.«[28]

Ein Leben lang interessierte sich Tesla für die Kräfte der Natur. Als Kind nutzte er die natürliche Energie von Maikäfern als Antrieb seines kleinen Windrades. Mit seinen Wechselstrommotoren und Transformatoren ließ sich die Wasserkraft der Niagarafälle nutzbar machen. Er sprach auch häufig von der Nutzung der Sonnenenergie und erklärte, die fossilen Brennstoffe seien unwirtschaftlich. Bereits 1891 sagte er: »Die Natur hat im Universum einen unerschöpflichen Energievorrat angelegt.« Für Tesla war der Äther »Empfänger und Sender dieser unerschöpflichen Energie«. Diese spezielle Idee hielt einer genauen Prüfung nicht stand, aber er setzte weiterhin auf die Natur.[29] Im Juni 1900 veröffentlichte das von Robert Underwood Johnson herausgegebene *Century Illustrated Magazine* einen nachdenklich stimmenden Artikel. In einer langen und mitunter mystischen Abhandlung mit dem Titel »Das Problem der zunehmenden menschlichen Energie (mit besonderem Bezug auf die Nutzbarmachung der Sonnenenergie)« sah Tesla den Bedarf an erneuerbaren Energien zur Energieversorgung unseres Planeten in einhundert Jahren voraus.[30] Er erklärte: »Neben den Brennstoffen sind noch Energieträger vorhanden«, und deutete an, dass »etwa Kalkstein gewaltige Energiemengen enthält. Mit Schwefelsäure oder anderweitig ließe sich Kohlensäure freisetzen, wodurch Maschinen angetrieben werden könnten.« Er habe sogar bereits eine solche »zufriedenstellend funktionierende« Maschine gebaut, so Tesla.

Während andere um die Jahrhundertwende mit dem Erschließen von Kohle, Eisen und Aluminium beschäftigt waren und nach Öl bohrten, hatte Tesla die Grenzen bereits erkannt. Er wollte die Ressourcen schonen. »Egal aus welcher Quelle wir in Zukunft unsere Energie beziehen«, schrieb Tesla, »wir müssen sie vernünftigerweise ohne den Verbrauch von Material gewinnen.«[31] Er glaubte, dass die natürlichen Energiequellen »den Bedarf an Kohle, Öl, Gas oder anderen herkömmlichen Brennstoffen überflüssig machen« könnten.[32]

Eine Methode war die Nutzung der Windenergie:

»Man mag es kaum glauben, aber es ist trotzdem eine Tatsache, dass der Mensch seit jeher eine recht gute Maschine zur Verfügung hat, die es ihm gestattet, sich die Energie seines Umgebungsmediums zunutze zu machen. Diese Maschine ist die Windmühle.«[33]

Tesla glaubte, die Windkraft sei »sehr bedeutsam«. Er war wenig begeistert von der Möglichkeit, die Gezeiten nutzbar zu machen und meinte, dass jeder Wellen- oder Gezeitenmotor »nur eine kleine Chance besäße, wirtschaftlich mit der Windmühle zu konkurrieren«. Sie sei »die bessere Maschine, mit der man auf einfache Weise eine viel größere Energiemenge gewinnen kann«. Einhundert Jahre später werden Windkraftwerke bei der regenerativen Energieerzeugung immer wichtiger.[34]

Vor langer Zeit folgerte Tesla, dass die Nutzung der Sonnenenergie als potenziell unendliche Ressource möglich ist. Er sah dazu zwei Möglichkeiten: »Entweder verwendet man die Sonnenenergie, die im Umgebungsmedium gespeichert ist, oder man sendet die Sonnenenergie von einem Ort, wo sie ohne einen Materialverbrauch gewonnen wurde, durch das Medium hindurch an ferne Orte.«

Um diese Vision zu verwirklichen, sah sich Tesla 1900 gewaltigen technologischen Herausforderungen gegenüber; er glaubte, die beste

Möglichkeit »der Energiegewinnung wäre es, die Sonnenstrahlen zu nutzen, die unaufhörlich auf die Erde treffen und bei maximaler Kraft Energie von mehr als vier Millionen Pferdestärken pro Quadratmeile liefern«. Er glaubte, dass »durch die Entdeckung einer effizienten Methode zur Nutzung von Sonnenenergie eine unerschöpfliche Energiequelle erschlossen werden könnte«. Während die Entwicklung von Technologien zum Auffangen und Speichern der Solarenergie weitere einhundert Jahre dauern sollte, bis ein gewerbetaugliches Niveau erreicht wurde, hatte der Vater des Wechselstrommotors genaue Vorstellungen von Bedarf und Nutzung der Sonnenenergie.

Der Traum von unbegrenzt verfügbarer natürlicher Energie brachte Tesla in Kontakt mit anderen Visionären. Bei den Johnsons traf er den berühmten Umweltschützer John Muir, der bereits seit Jahren mit Robert Underwood Johnson befreundet war. Tatsächlich hatte sich Johnson als einflussreicher Herausgeber des *Century Magazine* mit Muir zusammengetan und war 1890 maßgeblich an der Schaffung des Yosemite Nationalparks in der Sierra Nevada Kaliforniens beteiligt. Ein Jahrzehnt später war es Johnson, der Muir zur Gründung eines Vereins zum Schutz der Sierra Nevada anregte. 1892 rief Muir mit Hilfe von Johnson und anderen den ›Sierra Club‹ ins Leben.[35]

Tesla und Muir kamen recht gut miteinander aus. Tesla gefiel Muirs »großartige Beschreibung« des Yosemite-Tals.[36] Muir würdigte, dass Tesla mit seinen Erfindungen bezweckte, »erneuerbare Energien zu nutzen und die Zerstörung der natürlichen Ressourcen zu minimieren«.[37]

Tesla hörte nie auf, sich regenerative Energiequellen vorzustellen. Er hoffte, seine schaufellose Turbine ließe sich für die Entwicklung der geothermalen Energiegewinnung einsetzen. In »Out Future Motive Power«, veröffentlicht im Dezember 1931 in *Everyday Science and Mechanics*, beschreibt Tesla, wie sich aus »den Temperaturunterschieden im Ozean, an Land oder in der Atmosphäre« nutzbare Energie gewinnen ließe.[38] »Es ist bekannt«, erklärte Tesla, »dass die Erde im Innern sehr warm ist, und wie Beobachtungen zeigen, steigt die Temperatur in Richtung ihres Mittelpunkts, je tiefer man gelangt, um etwa ein Grad Celsius je dreißig Meter.« Würde man diesen Tem-

Gegenüber: John Muir, 1902

peraturunterschied zwischen zwei Behältern übertragen können, ließen sich damit die Anker von elektrischen Generatoren antreiben. So ließe sich ohne Materialverbrauch Antriebskraft erzeugen.

Tesla war stets von seinen Fähigkeiten überzeugt und glaubte, dass »es möglich und sogar wahrscheinlich ist, dass in Zukunft andere, bisher unbekannte Energiequellen erschlossen werden«.[39] Er hat seine Ziele vielleicht nicht immer erreicht, aber er sah sie weit in der Zukunft.

Ehrungen

Nikola Tesla hat aus aller Welt eine Vielzahl von Ehrungen erhalten, und Kroatien (wo er geboren wurde), Serbien (seine ethnische Herkunft) und die USA (wo er den Großteil seines Lebens verbrachte) bezeichnen ihn als ihren »Lieblingssohn«. Zu Lebzeiten erhielt er die renommierte Edison-Medaille von der AIEE, die John Scott-Medaille von der Stadt Philadelphia und mehrere Ehrendoktortitel.

Zu seinen Ehren erhielt die Maßeinheit zur Messung des Magnetfelds B (auch magnetische Flussdichte und magnetische Induktion) im Internationalen Einheitensystem den Namen »Tesla« (T). Die kabellose Übertragung von Energie auf kabellos betriebene elektronische Geräte nennt man »Tesla-Effekt«.[40]

Mindestens zwei Schiffe wurden nach Tesla benannt. Der Liberty-Frachter USS *Nikola Tesla* lief 1943, nur neun Monate nach seinem Tod, vom Stapel. Das Forschungsschiff R/V *Tesla* ist im Einsatz für die Aqua Survey Inc., ein in New Jersey ansässiges Unternehmen, das sich mit Ökotoxikologie und geophysikalischen Vermessungen befasst.[41] Laut

Geschäftsführer Ken Hayes[42] werden in »elektromagnetischen Untersuchungen verborgene metallische Objekte mit Hilfe von Spulen aufgespürt« (z.B. Blindgänger, Leitungen oder Schätze). »Es war nur gerecht, unser neuestes Forschungsschiff nach dem Mann zu benennen, dessen Visionen die Entwicklung dieser Technologie ermöglicht haben.«

Wenn man bedenkt, dass Tesla sich auch mit extraterrestrischer Kommunikation befasste, erscheint es nur passend, dass ein Mondkrater und ein kleiner Planet nach ihm benannt wurden. Auch der Zentralflughafen der serbischen Hauptstadt und ein örtliches Kraftwerk tragen seinen Namen. In seinem kroatischen Heimatort Smiljan, unweit von Gospić, wurde die Nikola Tesla-Gedenkstätte errichtet. Sie beherbergt die Tesla-Büste von Ivan Meštrović, einem Freund Teslas.

In den USA wurde Tesla mit vielen Ehrungen bedacht. In den 1980ern brachte die Post einen Sondermarkensatz von Tesla und anderen Wissenschaftlern heraus. In New York City trägt die Ecke 40. Straße und Avenue of the Americas, unweit des Bryant Parks, wo Tesla oft Tauben fütterte, das Straßenschild »Nikola Tesla Corner«. Das ›Institute of Electrical and Electronics Engineers‹ (IEEE) hat zu Ehren Teslas eine Gedenktafel an der Fassade des New Yorker Hotels angebracht, in dem dieser die letzten zehn Jahre seines Lebens verlebt hatte. Jedes Jahr stiftet das IEEE auch den Nikola Tesla-Preis, der an »eine Person (oder ein Team)« verliehen wird, »die einen herausragenden Beitrag zur Erzeugung oder Nutzung von elektrischem Strom geleistet hat«.[43]

Oben: »Nikola Tesla Corner«, Ecke 40. Straße und Avenue of the Americas in New York City

Teslas Beitrag zum Projekt des ersten Wasserkraftwerks bei den Niagarafällen ist so groß, dass zu seinen Ehren nicht nur eine, sondern gleich zwei Statuen errichtet wurden. Das erste Denkmal befindet sich auf Goat Island zwischen den Wasserfällen auf der amerikanischen Seite. Es war ein Geschenk der damaligen jugoslawischen Regierung an die USA im Jahr 1976. Die Statue ist das Werk des kroatischen Bildhauers Frano Kršinić und zeigt Tesla sitzend beim Studium von Entwürfen. Eine identische Kopie des Denkmals steht in Serbien vor dem Gebäude des Fachbereichs Elektrotechnik an der Universität Belgrad.

Die zweite Statue wurde 2006 eingeweiht. Sie stammt vom Bildhauer Les Drysdale und zeigt einen ehrwürdigen Tesla, der elegant auf einem seiner Wechselstrommotoren steht, der an den Niagarafällen zur Stromerzeugung eingesetzt wurde. Tesla blickt gesittet über die Hufeisenfälle auf kanadischer Seite.

Erinnerung an den Namen Tesla

Nikola Tesla ist weitgehend aus den Geschichtsbüchern und dem Gedächtnis der heutigen Öffentlichkeit verschwunden. Wenn wir von Elektrizität, Radio oder Röntgenstrahlen sprechen, kommen uns Edison, Marconi, Röntgen und andere leicht in den Sinn. Doch auch Tesla hat an all dem mitgewirkt, und das auf so erfinderische Weise. Die Vermarktung seiner Erfindungen lag ihm nicht sehr gut, und häufig arbeitete er im Geheimen; später zog er sich aus der Öffentlichkeit zurück, verarmte und wurde immer seltsamer. Vielleicht ist er genau deshalb in Vergessenheit geraten.

Der Mitbegründer und Generaldirektor von ›Google‹, Larry Page, nannte Nikola Tesla seinen Favoriten, auch wenn er sagte, es sei besser Edison zu ähneln als Tesla.[44] Page hatte mit zwölf Jahren Teslas Autobiografie

Links: Tesla-Denkmal an den Niagarafällen

Meine Erfindungen gelesen und war fasziniert. Leider wusste Tesla nicht, wie er seine Erfindungen zu Geld machen konnte. 2008 sagte Page in einem Interview mit der Zeitschrift *Fortune*:

»Man benötigt auch Führungsqualitäten. Wie Tesla will man nicht sein. Er war einer der großartigsten Erfinder, aber seine Geschichte ist sehr traurig. Er konnte nichts vermarkten und konnte seine Forschung kaum finanzieren. Man würde lieber wie Edison sein. Wenn man etwas erfindet, dann ist es damit nicht unbedingt getan. Man muss die Erfindung effektiv präsentieren, sie herstellen und Geld damit verdienen, damit man sich finanzieren kann.«[45]

Page sagt, dass ›Google‹ im Wesentlichen eine Antwort auf dieses Scheitern ist: Neuerungen einführen, aber sie auch der Öffentlichkeit verkaufen, um später weitere Neuerungen vorstellen zu können. In diesem Sinne hat ›Google‹ neben seiner ursprünglichen Suchmaschine viele Erfindungen hervorgebracht – Android, den Webbrowser Chrome, Google Earth, Gmail – um nur einige zu nennen. Natürlich wurde nicht jede Erfindung von ›Google‹ ein Erfolg, aber die Innovationen wurde vorangetrieben. Der Wunsch, Teslas Erfindungsgabe mit Edisons Verstand für kommerzielle Vermarktung zu kombinieren, ist auch bereits über ›Google‹ hinausgewachsen. Larry Page und Mitbegründer Sergey Brin haben noch in etwas anderes investiert, das Nikola Tesla huldigt – in ›Tesla Motors‹. Der vollelektrische Tesla Roadster vereint mehrere einzigartige Innovationen zur Nutzung elektrischer Energie, beschleunigt in weniger als vier Sekunden von Null auf 100 km/h; sein Verbrauch entspricht etwa 2,2 Litern Benzin auf 100 Kilometern.[46] Für den Anfang genügen knapp 90 000 Euro (Zusatzleistungen nicht einberechnet) oder ein Freund namens Larry Page.

Inzwischen hat eine neue Generation von »Wissenschaftsfreaks« Nikola Tesla für sich entdeckt. Mehrere Tesla-Konzerne (besonders um das Elektroauto) halten die Erinnerung an ihn wach.

Die **Tesla Memorial Society of New York** (teslasociety.com) versucht seit 2002 mit Unterstützung der Vereinten Nationen einen »Nikola Tesla-Tag« einzuführen. Am 14. Februar 2002 erhielt der damalige UN-Generalsekretär Kofi Annan ein Schreiben, in dem man ihn ersuchte, einen Weltwissenschaftstag unter diesem Namen auszurufen. Nach langsamen Fortschritten befand sich der gegenwärtige UN-Generalsekretär Ban Ki-moon im Juli 2012 in Serbien und Kroatien auf einer Friedensmission. Bei seinem Besuch in Zagreb sagte er, dass er die Idee eines Tesla-Tages unterstütze und empfahl, eine weitere offizielle Anfrage bei den Vereinten Nationen zu stellen.

In Belgrad, der heutigen Hauptstadt Serbiens, befindet sich das **Nikola Tesla Museum**, das über »mehr als 160 000 Originaldokumente, mindestens 2000 Bücher und Zeitschriften, über 1200 historische technische Ausstellungsstücke, etwa 1500 Fotografien und Fotoplatten von technischen Objekten, Instrumente, Apparate und mehr als 1000 Pläne verfügt, die mit dem Leben und der Arbeit Nikola Teslas in Verbindung stehen«. Dank der Bemühungen von Teslas Neffen Sava Kosanović

Oben: Das Nikola Tesla Museum in Belgrad, Serbien

werden hier seit 1951 auch Teslas »verschwundene Dokumente« aufbewahrt. Die UNESCO würdigte das Archiv für seine wichtige Aufgabe, die Geschichte der globalen Elektrifizierung zu bewahren. Es scheint jedoch, dass es aufgrund unzureichender Finanzierung bei vielen von Teslas Dokumenten zu Wasserschäden gekommen ist und mangelnde Organisation und Sicherheit besteht.[47]

Die **Tesla Science Foundation** (http://teslasciencefoundation.org) wurde in Philadelphia gegründet, um »das Bewusstsein für Teslas Leistungen für das einundzwanzigste Jahrhundert zu stärken und an seine vielen Patente und Erfindungen heranzuführen, die noch immer einen aktuellen Bezug haben«. Die Stiftung fördert Arbeitskreise, Web-Seminare und Tagungen, wählt Erfinder aus, die von Tesla inspirierte Innovationen weiterentwickeln, und hilft ihnen beim Patentierungsprozess. Jährlich werden drei Auszeichnungen verliehen: »für Leistungen in den Bereichen Technologie, Literatur und Kunst, die mit Tesla oder seiner Arbeit in Zusammenhang stehen«.

Als regionales Zentrum für Wissenschaft und Technologie wurde das **Tesla Science Center bei Wardenclyffe** (teslasciencescenter.org) im Osten Long Islands eröffnet. Wegen Raummangels sollte zu Ehren Teslas bei Wardenclyffe ein Wissenschaftszentrum und Museum entstehen. Nachdem die Anlage Anfang des zwanzigsten Jahrhundert aufgegeben wurde, wechselte sie mehrfach den Eigentümer und war fast fünfzig Jahre Standort der ehemaligen Fabrik von ›Peerless Photo‹ in Shoreham, New York. Später wurde sie von ›Agfa‹ übernommen, und in den letzten Jahren gab es Verhandlungen mit Interessensvertretern in der Hoffnung, das Tesla-Anwesen könne die zukünftige Heimat des ›Tesla Science Centers‹ und Museums bei Wardenclyffe werden.[48]

Um das Anwesen anstelle eines Mitbieters erwerben zu können, wurde im August 2012 eine Gruppenfinanzierungskampagne gestartet. Angeführt von Matthew Inman, dem Urheber der Cartoon-Webseite *The Oatmeal*, einem leidenschaftlichen Anhänger des »größten Strebers, der je gelebt hat«, wurden in nur neun Tagen mehr als 900 000 Euro gesammelt. Diese Aktion über soziale Netzwerke war so erfolgreich, dass das ›Tesla Science Center‹ das Grundstück erwerben konnte.

Selbst Jahrzehnte nach seinem Tod ist Nikola Tesla in den Herzen und Gedanken der Menschen noch immer lebendig. Er wäre wohl sehr glücklich, wenn er sehen könnte, dass am Standort seines letzten Labors die Erfinder von morgen forschen. In seinem 1894 für das *Century Magazine* verfassten Artikel brachte Thomas Commerford Martin Teslas Genie und Eigenarten auf den Punkt:

»Mr. Tesla galt als Visionär, der sich von kurzlebigen Shootingstars verleiten ließ; seine Standesgenossen gelangen aber immer mehr zu der Überzeugung, dass sein Weitblick ihn als Ersten die schwach schimmernden Lichter auf den neuen Kontinenten der Wissenschaft erkennen ließ. Wahrnehmung und Erfindungsreichtum sind beim Genie oft ungleichmäßig ausgeprägt. Zu viel Fantasie kann die Wahrnehmung trüben; die Fähigkeit zu träumen kann den Wunsch nach Fertigkeit zur Verbesserung von Erntemaschinen bedeuten. Mitunter vereinigen sich beide Elemente zu einem kreativen epischen und dramatischen Dichter; gelegentlich schenken sie uns einen produktiven Erfinder wie Tesla.«[49]

Oben: Eine Tesla-Spule zeigt das Ergebnis elektrischer Entladung von der Erde.

Möge die Zukunft die Wahrheit
sprechen und jeden nach seiner
Arbeit und seinen eigenen
Leistungen beurteilen.
Die Gegenwart gehört ihnen;
doch die Zukunft, für die ich
gearbeitete habe, gehört mir.

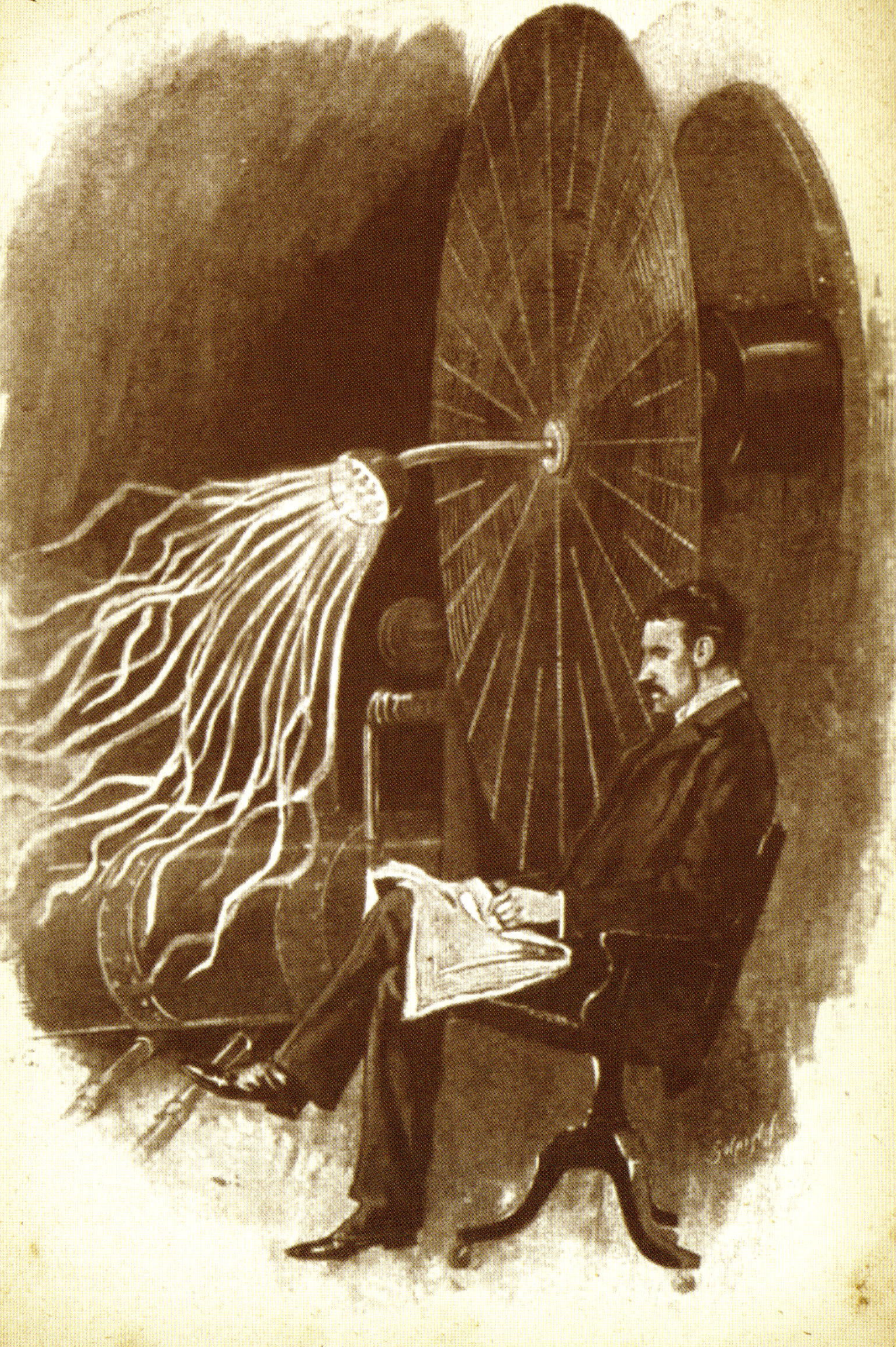

BIBLIOGRAFIE

- Aldrich, Lisa J. 2005. *Nikola Tesla and the Taming of Electricity*. Morgan Reynolds Publishing, Greensboro, NC.
- Barrett, John Patrick. 1894. *Electricity at the Columbian Exposition: Including an Account of the Exhibits in the Electricity Building a nd the Power Plant in Machinery Hall*. S. 268 f. Online verfügbar unter http://books.google.com/books?id=CLtIAAAAMAAJ&printsec=-frontcover&hl=en#v=onepage&q&f=false.
- Carr, Nicholas. 2009. *The Big Switch: Rewiring the World, From Edison to Google*. W.W. Norton & Company, New York, NY.
- Cheney, Margaret. 1981. *Tesla: Man Out of Time*. Simon & Schuster, New York, NY.
- Cheney, Margaret und Uth, Robert, 1999. *Tesla, Master of Lightning*. Metro Books, New York, NY.
- *Collected Tesla Writings*. 2012. Wissenschaftliche Arbeiten und Artikel von Nikola Tesla und anderen über Teslas Werk, vorrangig im Bereich Elektroingenieurwesen. Bottom of the Hill Publishing, Memphis, TN.
- Corum, Kenneth L. und Corum, James F. 1996. *Nikola Tesla and the electrical signals of planetary origin*. Internationale Tesla-Konferenz, »Tesla, III Millennium,« Belgrad, Jugoslawien. S. 82. Kurzfassung unter http://www.tfcbooks.com/mall/planetary.htm.
- Dommermuth-Costa, Carol. 1994. *Nikola Tesla: A Spark of Genius*. Lerner Publications Company, Minneapolis, MN.
- Essig, Mark. 2003. *Edison & the Electric Chair: A Story of Light and Death*. Walker & Company, New York, NY.
- Jonnes, Jill. 2003. *Empires of Light: Edison, Tesla, Westinghouse, and the Race to Electrify the World*. Random House, New York, NY. Seiten wie in der Taschenbuchausgabe 2004 von Random House Trade.
- Krause, Michael. 2011. *All About Tesla: How Nikola Tesla Invented the 20th Century*. Rich &Famous Publishing, Berlin, Germany. Positionsnummern wie in der Kindle-Version.
- Lomas, Robert. 1999. *The Man Who Invented the Twentieth Century*. Headline Book Publishing, London, UK.
- O'Neill, John J. 1944. *Prodigal Genius: Biography of Nikola Tesla*. Seiten wie in der Online-Version unter http://www.teslascience.net/library/text/Nikola-Tesla_biography/Prodigal-Genius,Biography-of-Nikola-Tesla.pdf.
- Martin, Thomas Commerford. 1894. *The Inventions, Researches and Writings of Nikola Tesla. The Electrical Engineer*, New York, NY.
- Martin, Thomas Commerford. 1894. »Nikola Tesla«. *The Century Magazine*. Februar 1894. Online verfügbar unter http://www.teslauniverse.com/nikola-tesla-article-nikola-tesla-2.
- Verleihung der Edison-Medaille an Nikola Tesla. Niederschriften der Jahrestagung des Amerikanischen Instituts für Elektroingenieure im Gebäude des Ingenieursverbands, New York City, Freitagabend, 18. Mai 1917. Online verfügbar unter http://www.tfcbooks.com/tesla/1917-05-08.htm.

BIBLIOGRAFIE

- Secor, H. Winfield. 1917. »Tesla's Views on Electricity and the War.« *The Electrical Experimenter.* August 1917. Online verfügbar unter http://www.tfcbooks.com/tesla/1917-08-00.htm.
- Seifer, Marc J. 1998. *Wizard: The Life and Times of Nikola Tesla: Biography of a Genius.* Citadel Press, New York, NY. Seiten wie in Citadel Press, Erstausgabe 1998.
- Staley, Richard. 2009. »Albert Michelson, the Velocity of Light, and the Ether Drift.« *Einstein's generation. The origins of the relativity revolution.* Chicago, IL.
- Tesla, Nikola. 1888. »A new system of alternate current—motors and transformers.« Vorlesung beim Amerikanischen Institut der Elektroingenieure, 16. Mai 1888. Online verfügbar unter http://www.tfcbooks.com/tesla/1888-05-16.htm.
- Tesla, Nikola. »Experiments with Alternate Currents of Very High Frequency and Their Application to Methods of Artificial Illumination.« Vorlesung beim Amerikanischen Institut für Elektroingenieure, Columbia College, N.Y., 20. May 1891. Online verfügbar unter http://www.tfcbooks.com/tesla/1891-05-20.htm.
- Tesla, Nikola. 1892. »Experiments with Alternate Currents of High Potential and High Frequency.« Vorlesung beim Institut der Elektroingenieure, London. Online verfügbar unter http://www.tfcbooks.com/tesla/1892-02-03.htm.
- Tesla, Nikola. 1893. »On Light and Other High Frequency Phenomena.« Vortrag beim Franklin Institute, Philadelphia, Februar 1893, und beim Nationalen Verband für elektrisches Licht, St. Louis, März 1893. Online verfügbar unter http://www.tfcbooks.com/tesla/1893-02-24.htm.
- Tesla, Nikola. 1897. »On the Hurtful Actions of Lenard and Roentgen Tubes.« *Electrical Review.* 5. Mai 1897.
- Tesla, Nikola. 1900. »The Problem of Increasing Human Energy.« The *Century Illustrated Magazine.* Juni. Online verfügbar unter http://www.tfcbooks.com/tesla/1900-06-00.htm.
- Tesla, Nikola. 1901. »Talking With Planets.« *Collier's Weekly.* 9. Februar 1901. Online verfügbar unter http://www.tfcbooks.com/tesla/1901-02-09.htm.
- Tesla, Nikola. 1904. »The Transmission of Electrical Energy Without Wires.« *Electrical World and Engineer.* 5. März 1904. Online verfügbar unter http://www.tfcbooks.com/tesla/ 1904-03-05.htm.
- Tesla, Nikola. 1915. »Some personal recollections.« *Scientific American,* 5. Juni 1915. Online verfügbar unter http://www.tfcbooks.com/tesla/1915-06-05.htm.
- Tesla, Nikola. 1919. »The True Wireless.« *Electrical Experimenter.* Mai 1919. Online verfügbar unter http://www.tfcbooks.com/tesla/1919-05-00.htm.
- Tesla, Nikola. 1927. »World System of Wireless Transmission of Energy.« *Telegraph and Telegraph Age,* 16.Oktober 1927. Online verfügbar unter http://www.tfcbooks.com/tesla/ 1927-10-16.htm.
- Tesla, Nikola. 1931. »Our Future Motive Power«, *Everyday Science and Mechanics.* Dezember 1931. Online verfügbar unter http://www.tfcbooks.com/tesla/1931-12-00.htm.

- Tesla, Nikola im Gespräch mit George Sylvester Viereck. 1937. »A machine to end war, A Famous Inventor, Picturing Life 100 Years from Now, Reveals an Astounding Scientific Venture Which He Believes Will Change the Course of History.« *Liberty*, Februar 1937. Online verfügbar unter http://www.tfcbooks.com/tesla/1935-02-00.htm.
- Wisehart, M.K. 1921. »Making Your Imagination Work for You.« *American Magazine*. Vol. 91.

Andere Informationsquellen

- Twenty First Century Books: http://www.tfcbooks.com/tesla/contents.htm
- Links zu Nikola Teslas Patenten: http://www.teslascience.net/Nikola-Tesla_Patents.html
- Tesla Memorial Society of New York: http://www.teslasociety.com/
- Nikola Tesla Museum: http://www.tesla-museum.org/meni_en.htm
- Tesla Science Foundation: http://teslasciencefoundation.org
- Tesla Science Center in Wardenclyffe: http://www.teslasciencecenter.org/

Oben: Eine Drahtlampe wird durch Induktion erleuchtet

TESLA-CHRONIK

1831 Faraday entdeckt elektromagnetische Wechselwirkung

1856 Geboren (9./10. Juli um Mitternacht) in Smiljan, einem Dorf nahe Gospić (im Kaisertum Österreich, heute Kroatien)

1861 Bruder kommt ums Leben

1862 Familie zieht nach Gospić

1866–1870 Besuch des Gymnasiums; Tesla sieht ein Foto der Niagarafälle

1870 Umzug von Gospić nach Karlovac, um ein vierjähriges Hochschulstudium anzutreten; Tesla wohnt bei Stanka, der Schwester seines Vaters und ihrem Mann; er studiert Sprachen, Mathematik und Physik

1874 Er erkrankt an der Cholera und ist dem Tode nah; sein Vater verspricht, ihn anstelle von Theologie Maschinenbau studieren zu lassen, sollte er überleben

1875 Antritt des Maschinenbaustudiums an der Technischen Hochschule in Graz

1876 In Graz sieht er eine Gramme-Maschine und stellt sich einen Generator ohne Gleichrichter vor

1876 Alexander Graham Bell erfindet das Telefon

1878 Tesla verlässt Graz ohne Abschluss

1879 Anstellung als technischer Assistent in Marburg (Maribor) für ein Jahr

1880 Besuch der Prager Universität für das Sommersemester; der Vaters stirbt und Tesla verlässt die Universität

1881 Umzug nach Budapest und Anstellung bei Puskás in einer Telegrafenanstalt; erste Erfindung – ein Stimmverstärker für den Telefonhörer

1882 Nervenzusammenbruch; Tesla hat während seiner Erholung eine Vision des Wechselstrommotors und zeichnet für seinen Freund Szigeti einen Entwurf in den Sand

1882 Umzug nach Paris, um für die ›Continental Edison Company‹ zu arbeiten; Arbeit am Induktionsmotor und an der Idee rotierender Magnetfelder

1883–1884 Sechsmonatige Reparatur der defekten Gleichstromgeneratoren am Eisenbahnkraftwerk in Straßburg; erstes Modell des Induktionsmotors

1884 Rückkehr nach Paris. Tesla fühlt sich beleidigt, weil er für die Reparatur des Systems in Straßburg nicht die versprochene Bezahlung erhält, stimmt aber zu, nach New York zu reisen, um in den Maschinenwerken von Edison zu arbeiten

1884 Ankunft in den USA mit einem Empfehlungsschreiben von Charles Batchelor an Thomas Edison; Tesla trifft Edison und repariert die Lichtmaschine an Bord der S.S. *Oregon*; Edison verspricht Tesla 50 000 US-Dollar für die Überarbeitung der Gleichstromgeneratoren; nach einem Jahr bricht er jedoch sein Wort

1885 Tesla verlässt Edisons Unternehmen und fühlt sich von ihm betrogen

1886 George Westinghouse gründet die ›Westinghouse Electric Company‹

1886 Gründung der Tesla Electric Light & Manufacturing Company; Patent für die elektrische Bogenlampe

1886–1887 Straßen- und Bauarbeiter; Arbeit am Mehrphasensystem; erstes Patent

1887 Gründung der ›Tesla Electric Company‹ mit Charles F. Peck und Alfred S. Brown; Bau des ersten Wechselstrommotors; Forschung an der ›besonderen Strahlung‹

TESLA-CHRONIK

1888 Erfindung des ersten alltagstauglichen Wechselstrommotors und mehrphasigen Energieübertragungssystems, das Industrie und Handel revolutioniert

1888 Auf Drängen von Thomas Commerford Martin demonstriert Tesla vor dem AIEE »Ein neues System aus Wechselstrommotoren und -transformatoren«; fünf Patente für den Wechselstrommotor; Entwicklung der Grundlagen für die Tesla-Spule; Beginn der Zusammenarbeit mit G. Westinghouse

1888 Westinghouse entwickelt ein Messgerät, durch das der Wechselstrom effizienter verkauft werden kann

1888 Tesla verkauft vierzig Patente an Westinghouse für 60 000 US-Dollar, einschließlich 150 Westinghouse-Anteilsscheinen und 2,50 US-Dollar für jede generierte Pferdestärke; Umzug nach Pittsburgh; ›Krieg der Ströme‹ beginnt

1889 William Kemmler wird mit Wechselstrom hingerichtet

1890 Thomas Commerford Martin publiziert einen Artikel über Tesla in *Electrical World*

1891 Anfängliche Demonstration kabelloser Energieübertragung; im Februar veröffentlicht Tesla eine Abhandlung in *Electrical World* und hält im Mai einen Vortrag über Hochfrequenzphänomene am AIEE

1891 Erfindung der Tesla-Spule

1891 Tesla wird am 30. Juli US-Staatsbürger

1891 Tesla verfasst *The Inventions, Researches and Writings of Nikola Tesla,* herausgegeben von Thomas Commerford Martin

1892 ›Edison General Electric Company‹ fusioniert mit ›Thomson-Houston Electric‹ zu ›General Electric‹

1892 Tesla hält Vorträge in London und Paris zu seiner jüngsten Forschung (»Experimente mit Wechselstrom unter Hochspannung und Hochfrequenz«)

1892 In Paris und London erhält Tesla Nachricht vom Tod der Mutter und kehrt nach Kroatien heim, erkrankt, reist jedoch später nach New York City zurück

1893 Vorträge in St. Louis zu Detailfragen der Grundlagen der Funkübertragung (Radio); Tesla erfindet das erste Funkübertragungssystem

1893 Teslas Systeme werden von Westinghouse genutzt, um die Weltausstellung in Chicago zu beleuchten

1893 Guglielmo Marconi präsentiert in London eine Funkanlage, die Tesla zuvor genau so beschrieben hatte, und streitet jede Kenntnis von Teslas System ab

1893 Tesla trifft Robert Underwood Johnson und dessen Frau Katharine; den Gästen eines Diners demonstriert er die kabellose Beleuchtung

1894 Experimente mit hochfrequenter elektromagnetischer Strahlung; Tesla erfindet mechanische Oszillatoren und Geräte, die elektrische Schwingungen erzeugen

1895 Tesla ist bereit, ein Radiosignal über 80 km zu übertragen, doch am 13. März brennt sein Labor nieder; Bericht von Thomas Commerford Martin in *Engineering Magazine*

1895 Wechselstrom wird bei der ›National Electric Exposition‹ in Philadelphia erstmalig 805 km weit übertragen; Alexander Graham Bell bezeichnet dies als »wichtigste Entdeckung der Elektrowissenschaft«

TESLA-CHRONIK

1895–1896 Experimente mit ›Röntgenstrahlen‹ und ›Schattenbildern‹

1896 Mit dem Wechselstromsystem wird seit dem 16. November aus den Niagarafällen Strom gewonnen; Tesla kündigt den Vertrag mit Westinghouse, rettet so das Unternehmen, verliert dadurch aber Millionen US-Dollar Lizenzgebühren

1896 Marconi überträgt Radiowellen durch Wände und über mehrere Kilometer; Marconis Patent wird abgewiesen, weil Tesla es bereits angemeldet hatte

1897 Tesla übermittelt ein Radiosignal von New York City nach West Point

1898 Vorführung des ›Telautomaton‹ (ferngesteuertes Boot) auf der Ausstellung des Instituts für Elektroingenieure im Madison Square Garden, im Mai

1898 Umzug in das Hotel Waldorf-Astoria

1899 Umzug nach Colorado Springs; Tesla entwickelt den »Verstärkungstransmitter« (die Tesla-Spule), um Blitze zu erzeugen und elektrisiert die Umgebung im Umkreis von Kilometern; er legt einen Generator der Stromgesellschaft in Colorado Springs lahm; angeblich erhält er Kommunikationen intelligenter Wesen vom Mars

1900 Rückkehr nach New York City am 8. Januar; Arbeit am weltweiten kabellosen Kommunikationssystem über die Ionosphäre der Erde

1901 In Shoreham, Long Island, beginnt der Bau an Wardenclyffe nach einem Entwurf von Stanford White mit finanzieller Unterstützung durch J. Pierpont Morgan

1901 Marconi übermittelt den Buchstaben »S« über den Atlantik und benutzt dabei mindestens sieben Patente Teslas

1903 Tesla teilt J. Pierpont Morgan mit, dass der wahre Zweck von Wardenclyffe die kabellose Übertragung von Energie sei; Morgan streicht die Unterstützung

1904 Marconi erhält das Patent für die Erfindung des Radios (entzogen 1943)

1906 Tesla erfindet die schaufellose Turbine, die auf einem neuen Prinzip der Nutzung von Energie aus einer Flüssigkeit mittels viskoser Reibung basiert

1907 Aufnahme in die Akademie der Wissenschaften in New York im Mai

1907–1908 Entwicklung des »Blechfliegers«, eines Vorgängers des Senkrechtstarters V-22 Osprey; Tesla verliert einen Gerichtsprozess und die Ausrüstung in Wardenclyffe an Westinghouse

1909 Tesla entwirft Pläne für ein Luftmobil; erste Tests mit Dampf- und Gasturbinen

1909 Marconi erhält den Nobelpreis für die »Erfindung des Radios«

1911–1913 Tesla testet Dampfturbinen in Edisons Kraftwerk in New York

1917 Arbeit am Entwurf einer Turbogeneratoranlage

1917 Wardenclyffe wird abgerissen; Tesla erhält am 18. Mai die Edison-Medaille

1928 Anmeldung von Patenten für Senkrechtstarter

1931 Tesla auf dem Titelblatt des *Time Magazine* zum 75. Geburtstag; Edison stirbt

1936 Gerüchte um den »Todesstrahl«; Tesla unterbreitet Projekte zur Entwicklung seiner Ideen zur Telegeodynamik und Energieübertragung durch die Erde

1937 Robert Underwood Johnson stirbt (seine Frau Katharine war 1925 gestorben)

1943 Tod am 7. Januar in einem New Yorker Hotel; Nachlass wird beschlagnahmt

BILDNACHWEIS

DepositPhotos
© Oleg Kovalenko: 5; © Georgios Kollidas: 14, 30, 52, 74, 108, 130, 160, 176, 198

Mit freundlicher Genehmigung von Heritage Auction Galleries
2 unten, 16 (Medaillons) unten links & rechts, 49, 78, 187, 206

Mit freundlicher Genehmigung von Internet Archive
Patente von Nikola Tesla: 29 unten, 51 unten, 73 unten, 107 unten, 129 unten, 159 unten, 169, 175 unten, 197 unten; *Electrical Experimenter*: 146, 149, 156 f., 172, 188

Library of Congress
17 oben, 19 (Rahmen), 36 f., 42, 45, 59, 64 f., 68, 72, 77, 79, 91, 93, 97 ff., 111, 120, 125, 127, 136 f., 155, 162, 174, 181, 185, 191, 210, 212

Privatsammlung
Nachsatz, 3 f. oben, 6, 13, 16, 21, 56, 70, 86 f., 106, 133 f., 139, 144 f., 171, 178, 194, 201, 219, 223, 239, 240; © *Real Heroes Comics*, 1946: 8, 47, 50, 71, 80, 83, 94, 104 f., 124, 126, 135,182, 189, 241; *Pearson's Magazine*: 27, 220, 224; *The Century Magazine*: 28, 66, 88, 116 f., 128, 138, 142, 154, 190, 218; *La Nature*: 40–41; *Galveston Daily News*: 60, 140; *Harper's Magazine*: 76; *Scientific American*: 85, 102, 166; *Chicago Tribune*: 119; *Radio Casopis*: 158; *Time Magazine*: 165; Mit freundlicher Genehmigung von *Popular Science*: 241, 243–247

Mit freundlicher Genehmigung von Scott Russo Archive
123

Science Source
© Sheila Terry: 114

Shutterstock
© brch photography: 17 unten; © Hein Nouwens: 33; 82

Tesla Wardenclyffe-Projekt
1, 2 oben, 29 oben, 51 oben, 67, 73 oben, 84, 100 f., 107 top, 110, 122, 129 oben, 148, 150, 152 f., 159 oben, 175 oben, 197 oben, 203 f.

Mit freundlicher Genehmigung von Wikimedia Foundation
16 (Fotos) unten links & rechts, 19 Foto, 42, 69, 213, 215 f.; *Scientific American*: 81; Michael Kleiman, US Air Force: 192

Prolog

1 O'Neill, *Prodigal Genius*, 138-140

Kapitel 1: Ein Genie wird geboren

1 O'Neill, 6
2 Dommermuth-Costa, *Nikola Tesla: A Spark of Genius*, 11-12
3 O'Neill, 8
4 Ebd.
5 Ebd.; Nikola Tesla Wikipedia (http://en.wikipedia.org/wiki/Nikola_Tesla). Serbokroatisch, Deutsch, Italienisch, Französisch, Englisch, Tschechisch, Ungarisch, Latein
6 O'Neill
7 Tesla, *My Inventions*
8 Tesla, Rede bei der Annahme der Edison-Medaille am 18. Mai 1917
9 Tesla, *My Inventions*
10 Ebd.
11 Ebd.
12 Ebd.
13 Ebd.
14 Seifer, *Wizard: The Life and Times of Nikola Tesla: Biography of a Genius*, 66
15 Ebd.
16 Ebd.
17 Cheney, Uth und Glenn, *Tesla, Master of Lightning*, 3
18 Tesla, *My Inventions*
19 Ebd.
20 Ebd.
21 O'Neill, 11
22 Ebd.; Tesla, *My Inventions*
23 O'Neill, 11
24 Tesla, Rede bei der Annahme der Edison-Medaille am 18. Mai 1917
25 Tesla, *My Inventions*
26 Ebd.
27 O'Neill, 14
28 O'Neill, 17; Tesla, *My Inventions*
29 Ebd.
30 Ebd.
31 Tesla, »A Story of Youth Told by Age«, http://www.pbs.org/tesla/ll/story_youth.html
32 Tesla, »Some Personal Recollections«, *Scientific American*, 5. Juni 1915
33 Ebd.
34 Ebd.
35 Ebd.
36 O'Neill
37 Lomas, *The Man Who Invented the Twentieth Century*, 1999; Krause, *All About Tesla: How Nikola Tesla Invented the 20th Century*, 2011

Kapitel 2: Erwachsen in Europa

1 http://en.wikipedia.org/wiki/Graz_University_of_Technology
2 http://www.presse.tugraz.at//pressemitteilungen/2006/16.05.2006_graz.htm [via Google translate]
3 Seifer, 15
4 O'Neill, 33
5 Ebd.
6 Ebd.
7 http://www.presse.tugraz.at//pressemitteilungen/2006/16.05.2006_graz.htm [via Google translate]
8 O'Neill, 33
9 Seifer, 15
10 Ebd.
11 Tesla, *My Inventions*
12 Ebd.
13 http://en.wikipedia.org/wiki/Gramme_machine
14 Tesla, *My Inventions*
15 http://en.wikipedia.org/wiki/Gramme_machine
16 http://en.wikipedia.org/wiki/Commutator_%28electric%29
17 O'Neill, 33
18 Ebd. 34
19 Krause, *All About Tesla: How Nikola Tesla Invented the 20th Century*, 685
20 Seifer, 17
21 O'Neill, 38
22 Seifer, 21
23 O'Neill, 38; Seifer, 21
24 Seifer, 20
25 Tesla, *My Inventions*
26 O'Neill, 39; Tesla, *My Inventions*
27 http://en.wikipedia.org/wiki/Budapest
28 Tesla, *My Inventions*
29 Ebd.
30 O'Neill, 42
31 Tesla, *My Inventions*
32 Ebd.
33 Cheney, *Tesla, Man Out of Time*, 54
34 Ebd., 101
35 Tesla, *My Inventions*; »Woodchoppers breakfast:« http://countrylife.lehmans.com/2011/02/08/a-wood-choppers-breakfast/
36 Tesla, *My Inventions*
37 Seifer, 29
38 Tesla, *My Inventions*
39 Ebd.
40 Ebd.

41 Ebd.
42 O'Neill, 50; Tesla, *My Inventions*
43 Seifer, 30
44 O'Neill, 52

Kapitel 3: Tesla der seltsame

1 Tesla, *My Inventions*
2 Ebd.
3 Wisehart, »Making Your Imagination Work for You«, *American Magazine*, 60
4 Tesla, *My Inventions*
5 Ebd.
6 Ebd.
7 Wisehart, 60
8 Tesla, *My Inventions*
9 Wisehart, 11
10 Tesla, *My Inventions*
11 Wisehart, 13
12 Tesla, *My Inventions*
13 Ebd.
14 Ebd.
15 Seifer, 16
16 Seifer, 207
17 Cheney, 139
18 Cheney, 279
19 Seifer, 413
20 Cheney, 141
21 Tesla, *My Inventions*
22 Ebd.
23 Cheney, 173
24 Krause, 1020
25 *New York Times*, November 12, 1907
26 Tesla, *My Inventions*
27 Cheney, 234
28 Cheney, 110
29 O'Neill, 265
30 Cheney, 110
31 Ebd.
32 O'Neill, 265
33 Ebd.
34 Ebd.
35 Jonnes, *Empires of Light: Edison, Tesla, Westinghouse, and the Race to Electrify the World*, 227
36 Seifer, 31
37 Tesla, *My Inventions*

38 Ebd.

39 Ebd.

40 http://www.ieee.org/about/awards/medals/edison.html

41 Ebd.

42 O'Neill, 205

43 Ebd.

44 Tesla, »On Light and Other High Frequency Phenomena«, Vortrag beim Franklin Institute, Philadelphia, im February 1893 und bei der National Electric Light Association, St. Louis, im March 1893. *The Inventions, Researches and Writings of Nikola Tesla*, 1893/4

45 Cheney, 307

Kapitel 4: Edison und Westinghouse

1 Seifer, 31

2 Krause, 1115

3 Ebd.

4 Ebd.

5 http://en.wikipedia.org/wiki/Thomas_Edison

6 O'Neill, 53

7 Tesla, *My Inventions*

8 Ebd.

9 Ebd.

10 Seifer, 38

11 O'Neill, 55

12 Seifer, 39

13 Ebd. 31; auch unter »Bogenlampe«: http://en.wikipedia.org/wiki/Arc_lamp

14 Bogenlampe: ebd.

15 Seifer, 41; auch »Bogenlampe« ebd.

16 O'Neill; Tesla, *My Inventions*

17 Seifer, 41; O'Neill, 56

18 Ebd.

19 O'Neill

20 O'Neill

21 Seifer, 43

22 Tesla, *My Inventions*

23 Wisehart, 62

24 O'Neill, 58

25 Ebd.

26 Ebd.

27 Ebd., 59

28 Seifer, 43

29 Tesla, 1888 AIEE-Vortrag: http://www.tfcbooks.com/tesla/1888-05-16.htm

30 O'Neill, 59; Die Gegenwart ist hier Erscheinungsjahr 1944

31 Seifer, 110

32 *Casablanca*: http://www.imdb.com/title/tt0034583/quotes
33 Jonnes, 310
34 O'Neill
35 Jonnes, 312
36 Seifer, 70
37 Jonnes, 312; auch, Martin, »Nikola Tesla« Artikel im *Century Magazine*, Februar 1894, 582
38 Lomas
39 O'Neill, 63
40 Ebd.
41 Seifer, 45
42 Krause, 1554
43 Ebd., 1558
44 Jonnes, 162
45 Ebd.
46 Ebd., 248
47 Ebd., 249
48 O'Neill, 89
49 Seifer, 100
50 Seifer, 117; Jonnes, 263
51 Seifer, 119
52 http://www.yeodoug.com/resources/dc_french/republic/dcfrench_republic.html; Die Originalstatue wurde beim Brand von 1896 zerstört; eine kleinere, etwa sieben Meter große Nachbildung aus Bronze steht nun im Jackson Park am Ausstellungsgebäude für den Bereich Elektrizität
53 Seifer, 119
54 Tesla, *My Inventions*
55 http://en.wikipedia.org/wiki/Niagara_Falls
56 Seifer, 134
57 O'Neill, 92
58 O'Neill, 105

Kapitel 5: Ein Mann im Krieg

1 http://en.wikipedia.org/wiki/Thomas_Edison
2 Essig, 135
3 Carr, *Edison & the Electric Chair: A Story of Light and Death*, 38-39
4 Essig, 135
5 Ebd.
6 Ebd., 136
7 Ebd.
8 *New York Times*, 12. Oktober 1889; Also from Dan Ariely, *The Upside of Irrationality*, 118-119, zitiert aus Zachary Shores Buch *Blunder*
9 Essig, 92
10 Ebd., 93

11 Ebd., 99
12 Ebd., 140
13 Ebd. 142
14 Jonnes, 197, zitiert »For Shame, Brown!« *New York Sun*, 25. August 1889
15 Long, Tony. 2008. »Jan. 4, 1903: Edison Fries an Elephant to Prove His Point« http://www.wired.com/science/discoveries/news/2008/01/dayintech_0104
16 Carr, *The Big Switch: Rewiring the World, from Edison to Google*, 39
17 Essig, 255
18 Ebd., 252–253
19 Cheney, 230
20 O'Neill
21 Erfindung des Radios: http://en.wikipedia.org/wiki/Invention_of_radio
22 Ebd.; Tesla, *My Inventions*
23 Erfindung des Radios, Ebd.
24 Seifer meint, dass Marconi damals vielleicht nicht den Buchstaben »S« sendete.
25 Delmonico's: http://en.wikipedia.org/wiki/Delmonico%27s#Notable_patrons
26 O'Neill, 71
27 Tesla, *My Inventions*

Kapitel 6: Von kabellos bis Wardenclyffe

1 Wisehart, 64
2 Tesla, *My Inventions*
3 Wisehart, 64; auch, YouTube: http://www.youtube.com/watch?v=nQgO18qk1_k&feature=player_embedded
4 Wisehart, 64
5 O'Neill, 112
6 Barrett, *Electricity at the Columbian Exposition; Including an Account of the Exhibits in the Electricity Building, the Power Plant in Machinery Hall*. 268-269
7 Wisehart, 67
8 Ebd., 65
9 Tesla, *My Inventions*
10 Ebd., auch, Tesla, *Electrical Review*, November 1898
11 Tesla, *My Inventions*; also see »The Problem of Increasing Human Energy«, *The Century Magazine*, Juni 1900
12 O'Neill, 143
13 Tesla, *My Inventions*
14 O'Neill, 154
15 Tesla, Notizbücher aus Colorado Springs
16 O'Neill, 156
17 Tesla, »True Wireless«, *Electrical Experimenter*, 1919
18 O'Neill, 157
19 Tesla, »The Transmission of Electrical Energy without Wires«, *Electrical World and Engineer*, 5. März 1904
20 Ebd.

ENDNOTEN

21 Tesla, *My Inventions*

22 http://en.wikipedia.org/wiki/Magnifying_transmitter

23 O'Neill, 162

24 Ebd., 163

25 Ebd., auch, Tesla, Notizbücher aus Colorado Springs

26 Tesla, *My Inventions*

27 Ebd.

28 O'Neill, 178

29 Tesla, *My Inventions*

30 http://en.wikipedia.org/wiki/World_Wireless_System#World_Wireless_System

31 Tesla, »World System of Wireless Transmission of Energy«, *Telegraph and Telegraph Age*, 16. Oktober 1927: http://www.tfcbooks.com/tesla/1927-10-16.htm

32 Tesla, *My Inventions*

33 *New York Times,* May 5, 2009: http://www.nytimes.com/2009/05/05/science/05tesla.html?_r=1&hp

34 http://en.wikipedia.org/wiki/Wardenclyffe_Tower#Theory_of_wireless_transmission

Kapitel 7: Tesla gegen Einstein

1 O'Neill, 215

2 Ebd.

3 Nobelpreisorganisation, Nobelpriesträger: http://www.nobelprize.org/nobel_prizes/physics/laureates/1921/; Einstein erhielt seinen Nobelpries von 1921 eigentlich 1922, weil das Komitee für Physik beschlossen hatte, dass keiner der Nominierten des Jahres die Kriterien gemäß dem letzten Willen Alfred Nobels erfüllt. Laut der Satzung der Nobel-Stiftung kann der Nobelpreis in diesem Fall bis zum Folgejahr ›reserviert‹ werden, was auch geschah. Deshalb erhielt Albert Einstein seinen Nobelpreis mit einem Jahr Verspätung.

4 David Bodanis, *$E = mc^2$: A Biography of the World's Most Famous Equation*, New York: Walker, 2000; Also, http://en.wikipedia.org/wiki/Albert_Einstein

5 Allgemeine Relativität: http://en.wikipedia.org/wiki/General_theory_of_relativity

6 *New York Times*, July 11, 1935

7 O'Neill, 216

8 Seifer, 102

9 *New York Herald Tribune*, 11. September 1932

10 Staley, Richard (2009), »Albert Michelson, the Velocity of Light, and the Ether Drift«, *Einstein's generation. The origins of the relativity revolution*

11 Tesla, *My Inventions*

12 Tesla, »World System of Wireless Transmission of Energy«, *Telegraph and Telegraph Age*, 16. Oktober 1927

13 2011 entdeckte man im Genfer CERN-Labor Neutrinos, die sich mit Überlichtgeschwindigkeit bewegen. Bei Wiederholung bestätigten sich die Ergebnisse. Sie konnten bisher aber von keinem anderen Forscher bestätigt werden. http://en.wikipedia.org/wiki/Faster-than-light#Time_of_flight_of_neutrinos

14 *Time* http://www.teslasociety.com/time.jpg
15 Cheney, 294–295
16 *New York Herald,* 15. Oktober 1911
17 *New York Herald,* »Tesla's New Monarch of Machines«, 15. Oktober 1911
18 O'Neill, 31
19 Tesla Patent 1,655,114; http://www.teslauniverse.com/nikola-tesla-patents-1,655,114-aerial-transportation
20 Seifer, 418
21 O'Neill, 134
22 Ebd.
23 Ebd.; Seifer
24 http://en.wikipedia.org/wiki/Thomas_Edison
25 Tesla, »On the Hurtful Actions of Lenard and Roentgen Tubes«, *Electrical Review,* 5. Mai 1897
26 Tesla, »The Problem of Increasing Human Energy«, *Century Magazine,* Juni 1900
27 Secor, H. Winfield. »Tesla's views on electricity and the war«, *The Electrical Experimenter,* August 1917
28 Ebd.
29 Cheney, 260
30 O'Neill, 134

Kapitel 8: Über den Tod hinaus – Verschwörungstheorien

1 »Tesla invents peace ray«, *New York Sun*, 10. Juli 1934: http://www.tfcbooks.com/tesla/1934- 07-10.htm
2 Welshimer, Helen. *Every Week Magazine*, 21. Oktober 1934: http://www.tfcbooks.com/tesla/1934-10-21.htm
3 O'Neill, 244
4 Ebd.
5 http://drvitelli.typepad.com/providentia/2009/08/the-tesla-conspiracy.html
6 Seifer, 446
7 Ebd., 447
8 Ebd., 456
9 http://drvitelli.typepad.com/providentia/2009/08/the-tesla-conspiracy.html
10 Ebd.
11 Tesla Museum, Belgrad: http://www.tesla-museum.org/meni_en.htm
12 »Nikola Tesla was murdered by Otto Skorzeny«, publiziert von Vojislave Milosevic, 13. Februar 2012: http://www.veteranstoday.com/2012/02/13/nikola-tesla-was-murdered-by-otto-skorzeny/
13 http://swallowingthecamel.blogspot.com/2009/07/tesla-tales.html
14 »Is Tesla to Signal the Stars?«, *Electrical World*, 4. April 1896
15 »Talking with Planets«, *Colliers Weekly*, 9. Februar 1901: http://www.tfcbooks.com/tesla/1901-02-09.htm

16 Ebd.
17 Ebd.
18 Seifer, 468
19 http://en.wikipedia.org/wiki/Nikola_Tesla; Also, Corum, Kenneth L.; James F. Corum (1996). *Nikola Tesla and the electrical signals of planetary origin.* p.14
20 Seifer, 468; auch, http://www.karmasurfer.com/genius.htm
21 http://en.wikipedia.org/wiki/John_Galt
22 http://www.only1egg-productions.org/AltSci/atlas_shrugged.htm
23 http://www.karmasurfer.com/genius.htm
24 http://listverse.com/2009/09/26/10-more-conspiracy-theories/
25 Tesla, *My Inventions*
26 http://www.youtube.com/watch?v=0K2wm8tn088
27 Als Beispiel siehe Seifer, 420
28 http://www.scienceforums.net/topic/21945-nikola-tesla/
29 http://www.haarp.alaska.edu/
30 http://listverse.com/2009/09/26/10-more-conspiracy-theories/
31 http://en.wikipedia.org/wiki/High_Frequency_Active_Auroral_Research_Program
32 *New York Times*, »Edison and Tesla To Get Nobel Prizes«, 6. November 1915
33 Cheney, 245; http://www.nobelprize.org/nobel_prizes/physics/laureates/
34 O'Neill, 201
35 *New York Times*, 19. Oktober 1931
36 O'Neill, 130

Kapitel 9: Das Vermächtnis

1 Tesla-Museum, Belgrad: http://www.tesla-museum.org/meni_en.htm
2 O'Neill, 118
3 http://en.wikipedia.org/wiki/Nikola_Tesla; Tesla Memorial Society of NY http://www.teslasociety.com/tesla_achievements.htm
4 Tesla, *My Inventions*
5 Seifer, 127
6 http://rationalwiki.org/wiki/Essay:Nikola_Tesla%27s_Wireless_PowerTransmission
7 http://en.wikipedia.org/wiki/Tesla_coil
8 Krause, 1763
9 http://en.wikipedia.org/wiki/Tesla_coil#Applications
10 http://www.youtube.com/watch?v=216HO3idYJ8
11 http://en.wikipedia.org/wiki/Tesla_coil
12 http://en.wikipedia.org/wiki/Tesla_(band)
13 http://www.amazon.com/s/ref=sr_nr_i_7?rh=k%3Anikola+tesla%2Ci%3Apopular&keywords=nikola+tesla&ie=UTF8&qid=1340560289
14 www.teslaboy.com
15 http://www.amazon.com/Nikola-Tesla-At-Wardenclyffe-Tower/dp/B005K4JLBU/ref=sr_1_3?s=music&ie=UTF8&qid=1340560630&sr=1-3&keywords=nikola+tesla

ENDNOTEN

16 http://www.youtube.com/watch?v=j5CfnJTR3Sg
17 http://www.amazon.com/s/ref=sr_nr_i_6?rh=k%3Anikola+tesla%2Ci%3Atoys-and-games&keywords=nikola+tesla&ie=UTF8&qid=1340560289
18 http://www.amazon.com/s/ref=sr_nr_i_5?rh=k%3Anikola+tesla%2Ci%3Aapparel&keywords=nikola+tesla&ie=UTF8&qid=1340560289
19 http://www.amazon.com/s/ref=sr_nr_i_8?rh=k%3Anikola+tesla%2Ci%3Asport ing&keywords=nikola+tesla&ie=UTF8&qid=1340560289
20 Der Stuhl wurde von Scott Mulcahey entworfen. Foto von Charles Mulcahey
21 Seifer, 428
22 http://en.wikipedia.org/wiki/Frankenstein_%281931_film%29 citing Golman, Harry (11. November 2005). *Kenneth Strickfaden, Dr. Frankenstein's Electrician*. McFarland & Company
23 http://www.imdb.com/title/tt0482571/
24 http://sanctuary.wikia.com/wiki/Nikola_Tesla
25 TED ist ein Akronym für Technology, Entertainment, Design. Kurze Gespräche (15–20 Minuten) mit Experten zu verschiedenen Themen finden vor Publikum statt und sind später verfügbar unter http://www.ted.com/talks
26 *The Oatmeal*: http://theoatmeal.com/comics/tesla
27 http://www.ted.com/talks/lang/en/marco_tempest_the_electric_rise_and_fall_of_nikola_tesla.html. Hintergrundinformationen zur Präsentation: http://blog.ted.com/2012/06/20/marco-tempest-makes-the-early-1900s-new-again-as-he-tells-the-story-of-nikola-tesla/
28 Tesla, »A machine to end war, A Famous Inventor, Picturing Life 100 Years from Now, Reveals an Astounding Scientific Venture Which He Believes Will Change the Course of History«, *Liberty*, Februar 1937, von Nikola Tesla nach George Sylvester Viereck: http://www.tfcbooks.com/tesla/1935-02-00.htm
29 Nikola Tesla, Vortrag vor dem American Institute of Electrical Engineers, Columbia College, N.Y., 20. Mai 1891. Experimente mit Wechselstrom sehr hoher Frequenz und Anwendung ihrer Verfahren für die künstliche Beleuchtung.
30 Tesla, »The Problem of Increasing Human Energy (with special references to the harnessing of the sun's energy)«, *The Century Magazine*, Juni 1900
31 Ebd.
32 Tesla, *Philadelphia Public Ledger*, »Tesla ›Harnesses‹ Cosmic Energy«, 2. November 1933
33 Tesla, »The Problem of Increasing Human Energy«, *The Century Magazine*, Juni 1900
34 Ebd.
35 http://en.wikipedia.org/wiki/Robert_Underwood_Johnson
36 Siefer, 181
37 Ebd.
38 Tesla, »Our Future Motive Power«, *Everyday Science and Mechanics*, Dezember 1931
39 Tesla, »The Problem of Increasing Human Energy«, *The Century Magazine*, Juni 1900
40 http://en.wikipedia.org/wiki/Tesla_(unit)
41 Aqua Survey, Inc., *R/V Tesla*: http://www.aquasurvey.com//services/r_v_tesla/
42 Persönliche Mitteilung, 2. April 2012

43 http://en.wikipedia.org/wiki/IEEE_Nikola_Tesla_Award
44 Serwer, Andy. 2008. »Larry Page on How to Change the World.« *Fortune*, 1. Mai, 2008. http://money.cnn.com/2008/04/29/magazines/fortune/larry_page_change_the_world.fortune/
45 Ebd.
46 http://www.teslamotors.com/roadster
47 http://en.wikipedia.org/wiki/Nikola_Tesla Museum; auch, http://www.tesla-museum.org/meni_en.htm
48 http://www.teslasciencecenter.org/a-brief-history/
49 Martin, Thomas Commerford. 1894. »Nikola Tesla.« *The Century Magazine*, Februar 1894

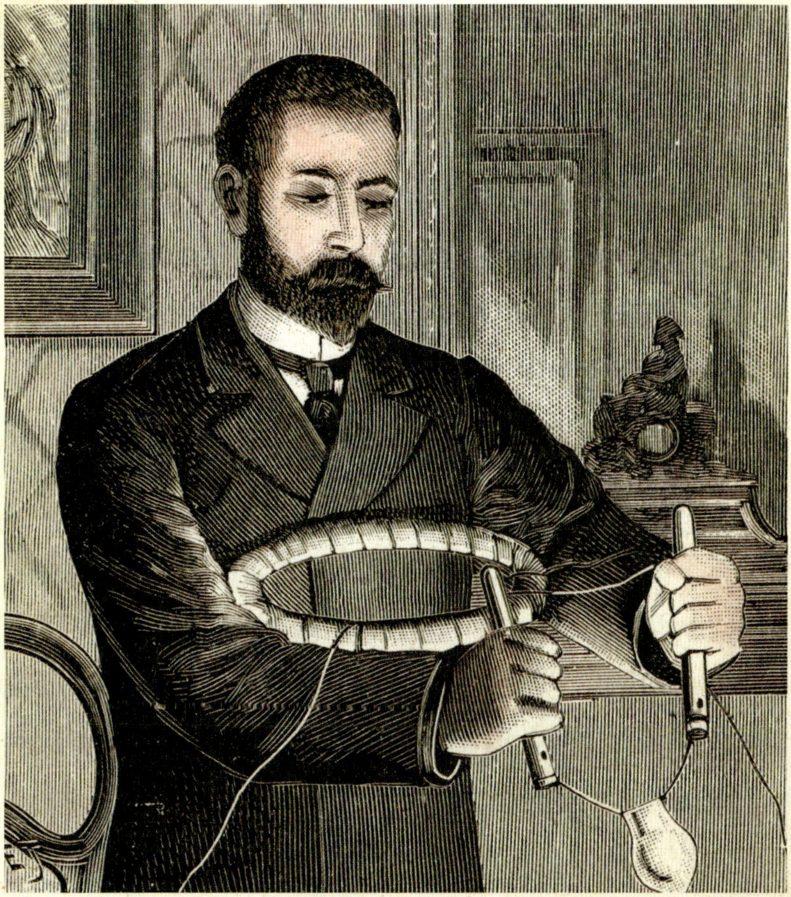

Oben: Eine Lampe wird durch Induktion zum Leuchten gebracht
Folgeseite: Ein nicht datiertes Bild von Tesla in seinem Labor

DANKSAGUNG

Mein Dank gilt meiner Agentin Marilyn Allen von der *Allen O'Shea Literary Agency* und Lektor Chris Barsanti von *Sterling Publishing*, die es mir ermöglicht haben, einen so faszinierenden Wissenschaftler wie Nikola Tesla zum Leben zu erwecken. Das in mich gesetzte Vertrauen war höchst inspirierend.

Ich danke auch meiner Familie, Freunden, Kollegen und den Wissenschaftlern, die mich zur wissenschaftlichen Forschung und zum Schreiben ermutigt haben. Zu nennen sind Jamie Hobson, Alice Chen, Karin Ke, Rhys Daniels, Scott Krygier, Haiying Lin, Gulnur Bolyspayeva, Scott und Charlie Mulcahey, Nicole Darnall, mein Bruder Don Kent, mein Sohn Bryan Kent u.a. Besonderer Dank gebührt Ru Sun für viele Stunden des Lesens verschiedener Fassungen dieses Buches. Ihr unentwegter Zuspruch, konstruktive Kritik und ihre erstaunliche Detailgenauigkeit haben das Buch aufgebessert.

Ich danke auch den Organisationen, die den Namen Tesla am Leben erhalten und Wardenclyffe zu einem Museum machen. Meine Anerkennung gilt auch allen Biografen, die beim Erfassen des Lebens von Nikola Tesla behilflich waren. Das vorliegende Werk wird hoffentlich die Beiträge jedes einzelnen von ihnen ergänzen.

Folgeseite: »Die Wissenschaft feiert den 100. Geburtstag von Mr. Tesla, dem Mann, der uns die Arbeit erleichterte«, *Popular Science*, Juli 1956

Mr. Tesla, der Mann, der uns die Arbeit erleichterte

ALS Nikola Tesla geboren wurde, gab es noch Planwagen – als er starb, bestimmten Elektrizität und Elektronik das Leben. Seine Zeitgenossen erlebten diesen Wandel mit Erstaunen, Tesla selbst allerdings war wenig verblüfft: Er trieb diesen Wandel voran und gestaltete ihn.

In diesem Monat feiern Ingenieurs- und Wissenschaftsverbände den einhundertsten Geburtstag jenes Mannes, der die Welt veränderte. Er wurde zu der Zeit geboren, als die Segelschifffahrt mit Klippern ihren Höhepunkt erreicht hatte. Noch vor seinem 40. Lebensjahr erfand Tesla den Wechselstrommotor und entwickelte die Stromübertragung über große Entfernungen. Allein dadurch schuf er Erleichterung, ob nun daheim oder am Arbeitsplatz. Auf sein Konto gehen viele Grundsätze der Rundfunktechnik und der Elektronik, und er glaubte, elektrische Impulse senden zu können (so wie beim modernen Radio und Fernsehen).

Das obere Bild zeigt Tesla auf dem Höhepunkt seiner Laufbahn mit etwa 40, das untere – mit knapp 80 Jahren. Durch den enormen Wandel, den er der Welt bescherte, hat Tesla wie kaum ein anderer die Moderne erfunden. Sein Leben und sein Schaffen sind auf dieser und den vier nächsten Seiten abgebildet.

1856 Tesla wurde in der Nacht vom 9. auf den 10. Juli in Smiljan/Kroatien (Teil des heutigen Jugoslawiens) geboren. Über seinen Vater ist wenig bekannt. Seine Mutter konnte weder Lesen noch Schreiben. Sie wusste aber ihren Verstand einzusetzen: sie konnte Dutzende Gedichte wiedergeben und verbesserte Haushaltsgeräte wie mechanische Butterfässer. Nikola zeigte schon früh wissenschaftliche Begabung.

1857-60 Zu einer Zeit, als 25 Mann mit ihrer Muskelkraft das Leben eines Menschen ermöglichten, der nicht körperlich arbeitete, experimentierte Nikola noch vor seinem fünften Lebensjahr mit alternativen Energiequellen. Wasserräder zur Nutzung der Wasserkraft waren so alt wie die Menschheit selbst. Aus einer Baumscheibe baute Nikola ein Wasserrad und beobachtete, wie die Strömung es drehte.

1850er-60er In Amerika wurden Karren von Hand vom Missouri-River zum Salt Lake gezerrt, Pferde arbeiteten nicht minder hart. Der Pony-Express brachte Postsendungen in zehn Tagen von St. Joseph (Missouri) nach San Francisco. In Kroatien sah der siebenjährige Nikola ein Löschfahrzeug, dem es nicht gelang, Wasser zu pumpen. Er erkannte das Problem, sprang in den Fluss und entwirrte den Wasserschlauch.

1865 Die Welt rang mit der ineffektiven, schmutzigen und lärmenden Dampfmaschine. In vier Jahren würden Gleise quer durch die USA verlaufen. Nikola bemühte sich mit neun Jahren um eine Alternative. Er baute ein kleines Windrad und hefte vier Maikäfer an dessen Flügel. Die Käfer trieben die Rotorblätter und die Spindel an. Nikola träumte von einer Maschine mit einhundert Maikäfern, die er aber nie baute.

1884 »Niemals wieder sollen Menschen Sklaven harter Arbeit sein«, verkündete Tesla, »mein Motor wird sie davon befreien.« Niemand jedoch finanzierte seinen Plan. Er emigrierte in die USA, verlor bis auf vier Cent alles, auch sein Gepäck und sein Model. Doch von den 518 592 Einwanderern des Jahres 1884 sollte er das Land am meisten verändern. Die Pläne in seinem Kopf sollten eines Tages Wirklichkeit werden.

1885-87 Tesla begegnete Edison und arbeitete für ihn, doch dieser war genauso wenig für den Wechselstrom zu begeistern wie Europa. In heftigen Streitereien bezichtigten sie einander der Kleingeisterei. Tesla kündigte bei Edison und fand sich als Tagelöhner im Straßenbau wieder.

1866-80 Die Dampfkraft gewann an Bedeutung. Mit vierzehn erlebte Nikola in Kroatien zum ersten Mal eine Dampfmaschine. Er beobachtete, wie sich ein Schneeball zu einer Lawine auswuchs und erkannte dabei, dass sich unter dem zunehmenden Gewicht des Schnees eine beträchtliche Bewegungsenergie entwickelte. Beim Blick auf ein Bild der Niagarafälle meinte er: »Eines Tages werde ich sie nutzbar machen.«

1882-83 Nachdem Thomas Edison mit seinem Gleichstromkraftwerk die Lampen von 59 Verbrauchern erleuchtet hatte, wuchs das weltweite Interesse an der Elektrizität. Mit 25 Jahren dachte Tesla in Europa, dass sich mit dem Wechselstrommotor besser nutzbare Energie gewinnen ließe. Dieser galt jedoch als genauso unmöglich wie das ›Perpetuum mobile‹. Tesla entwarf einen Bauplan und konstruierte ein Modell.

1888 Tesla zog das große Los. Er patentierte seinen Wechselstrommotor und beeindruckte damit das Amerikanische Institut für Elektroingenieure, das in diesem Monat mit einer Vorlesung zu diesem Thema den 100. Geburtstag Teslas feiert. George Westinghouse, ein Konkurrent des berühmten Edison, zahlte Tesla, dem ehemaligen Bauarbeiter, eine Million US-Dollar für die Rechte an seinem Motorenpatent.

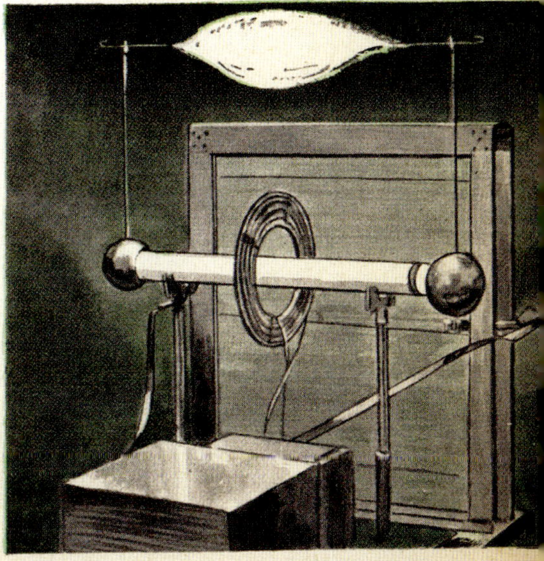

1889-90 Westinghouse und Tesla entwickelten zügig Wechselstrommotoren und Generatoren in unterschiedlichen Größen. Tesla konstruierte eine Hochspannungsspule, die ›Tesla-Spule‹, von der Energie über einen Hochspannungsblitz auf eine entfernte, nicht verbundene Lampe übertragen wurde und diese zum Leuchten brachte; dies war der Beginn seiner Versuche zur Energieübertragung.

1892 Um sich auf seine Arbeit zu konzentrieren, ging Tesla jeder Beziehung zu Frauen aus dem Weg. In Zeiten kriegerischer Indianer, schmalreifiger Fahrräder und pendelnder Pferdebahnen waren seiner Erfindungen genauso wenig nachvollziehbar wie sein Verhalten als Mann: Die gefeierte Bühnendiva Sarah Bernhardt warb um Tesla, der sie ohne ein Wort ignorierte.

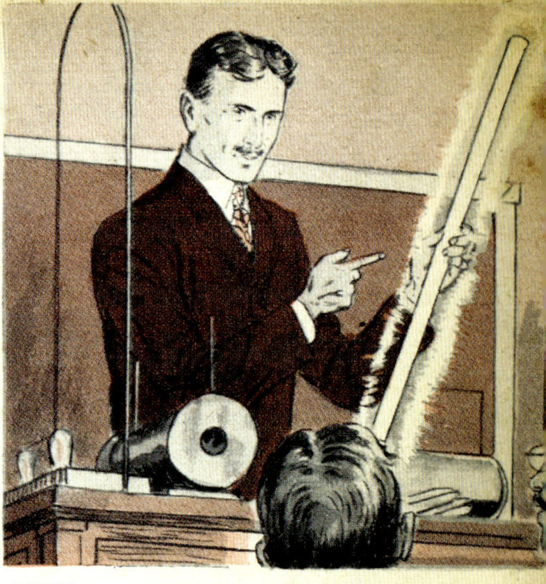

1893 Die Unterhaltungsshows der Zeit kamen vom späten P.T. Barnum, von Buffalo Bill, zeigten Sarah Bernhard und – auf der Weltausstellung in Chicago – den anrüchig-erotischen Bauchtanz ›Little Egypt‹. Die Ausstellung wurde von Westinghouse und Tesla beleuchtet und mit Strom versorgt, was dem Wechselstrommotor endgültig zum Durchbruch verhalf. Nikola Tesla brachte Glasröhren kabellos zum Leuchten.

1899-1900 Tesla vermutete zurecht, dass der Erdboden elektrisch geladen sei. In Colorado Springs baute er eine Anlage, mittels derer über den Erdboden Energie zu einer beliebigen Stelle auf der Welt übertragen werden könne. Er ›pumpte‹ Energie in den Boden und konnte sie angeblich auch über Blitze aufnehmen. Leider hat er die Details dieser Experimente nie für die zukünftige Bezugnahme niedergeschrieben.

1901-16 Als für den Funkverkehr lediglich Morsezeichen zur Verfügung standen, errichtete Tesla eine Radiostation auf Long Island, New York, die einerseits kabellos Strom verteilen als auch alle heute üblichen Arten von Radiosendungen ausstrahlen sollte. Tesla gelang es nie, Rundfunkübertragung zu verwirklichen, aber er entdeckte viele Grundlagen dieser Technik. Über all seine Anstrengungen ging er pleite.